黑河中下游干流河道生态环境变化调查研究

刘豪杰　胡　洁　韦　蔚　董国涛　李　凯　著

U0253238

黄河水利出版社
·郑州·

内 容 简 介

本书基于长时间序列的多源卫星影像数据,对黑河流域 2000 年调水以来的中下游干流河道的生态环境变化情况进行监测和变化分析,并对未来该区域生态环境进行模拟预测,本书提出的方法和结论具有较强的指导意义和推广应用价值。全书分为八章,包括概述、研究区概况、数据收集与研究方法、黑河中下游 2017 年度生态遥感调查、黑河中下游生态环境现状及变化分析、黑河中下游植被指数及覆盖度变化分析、黑河中下游生态环境动态模拟与预测、结论与建议。

本书可供从事生态环境变化监测、土地模拟预测、遥感应用相关的专业人员,以及黑河流域的研究人员和管理人员参考使用。

图书在版编目(CIP)数据

黑河中下游干流河道生态环境变化调查研究/刘豪杰等著. —郑州:黄河水利出版社,2022.12
ISBN 978-7-5509-3479-5

Ⅰ.①黑… Ⅱ.①刘… Ⅲ.①黑河-河道-生态环境-调查研究 Ⅳ.①X321.2

中国版本图书馆 CIP 数据核字(2022)第 245296 号

策划编辑:陶金忐 电话:0371-66025273 E-mail:838739632@qq.com

出 版 社:黄河水利出版社 网址:www.yrcp.com
　　　　地址:河南省郑州市顺河路黄委会综合楼 14 层 邮政编码:450003
发行单位:黄河水利出版社
　　　　发行部电话:0371-66026940、66020550、66028024、66022620(传真)
　　　　E-mail:hhslcbs@126.com
承印单位:河南新华印刷集团有限公司
开本:787 mm×1 092 mm 1/16
印张:12
字数:277 千字
版次:2022 年 12 月第 1 版 印次:2022 年 12 月第 1 次印刷

定价:95.00 元

前　言

　　黑河流域是资源型缺水区域,区域水资源供需矛盾突出。针对严峻的黑河生态系统恶化局面和突出的水事矛盾,自 2000 年开始,国家决策实施水量统一调度和流域治理。通过水量统一调度,促进了中游节水型社会建设,有效提高了水资源利用效率,进入下游绿洲的水量明显增加,缓解了流域生态环境的恶化趋势,流域生活用水、生产用水和生态用水初步得到了合理配置。但随着流域经济社会的迅速发展,流域生态环境发生了快速变化,相应地流域用水需求也进一步增大,在初步解决区域之间用水矛盾的同时,水资源配置在区域内发生了新的变化,水资源短缺形势依然严峻,迫切需要通过开展长时间序列的生态环境动态变化调查工作,判断流域生态环境变化的规律,客观反映生态变化地域空间特征,为黑河流域中下游的土地资源合理配置和水资源统一管理与调度提供科学依据和技术支撑。

　　本书结合从相关部门收集的土地利用现状图、水系图、地形图、水文气象、社会经济等数据,基于遥感卫星影像解译获取了黑河中下游历史和现状基础数据,进行生态环境现状及变化分析,重点利用高分辨率遥感卫星影像和实地调查数据解译黑河中下游 2017 年土地覆被信息;采用 2000 年、2011 年、2017 年生态环境数据进行生态环境的时空格局变化分析;分析 2000—2011 年及 2011—2017 年生长季 NDVI 和植被覆盖度的变化,定量分析黑河中下游地区植被覆盖度变化情况;进行黑河干流中下游区域生态环境模拟预测,为黑河流域水量统一调度工作提供科学依据和技术参考。

　　本书主要内容包括以下 4 点:

　　(1)黑河中下游 2017 年度生态遥感调查。

　　以 2017 年、2018 年高分一号卫星遥感影像(空间分辨率为 2 m)为基础数据,解译得到 2017 年黑河流域中下游土地覆被现状数据,通过野外实地调查和高分辨率遥感数据(高分二号影像,空间分辨率为 1 m)相结合的方法对解译结果进行检验和修正。

　　(2)黑河中下游生态环境现状及变化分析。

　　分析 2017 年土地覆被现状,获取 2017 年的土地覆被分布情况;对比已有的 2000 年、2011 年黑河中下游 1:10 万土地覆被数据和 2017 年土地覆被现状数据,研究 2000—2017 年黑河主干流中下游地区生态环境的时空格局动态变化,尤其是两个阶段间耕地与林地、草地、水域滩地间相互转化的频度、强度和时空特征。

　　(3)黑河中下游植被指数及覆盖度变化分析。

　　基于 MODIS 250 m NDVI 和 MODIS 500 m 土地覆被产品,分两个时段,分别调查分析 2000—2011 年和 2011—2017 年黑河中下游的植被指数和植被覆盖度变化情况,定量分析黑河中下游生态环境变化情况。

　　(4)黑河中下游生态环境动态模拟与预测。

　　在外界驱动力不变的情况下,模拟出若干年后黑河中下游各种土地覆被类型的面积,并分析土地覆被变化的主要特点;建立生态环境状况评价的长效机制,研究黑河生态环境演变规律,可为黑河水量统一调度工作提供技术性指导,合理配置黑河中下游生产用水、生活用水以及生态用水提供决策参考。

本书基于长时间序列的遥感数据,从定性和定量两个角度客观分析了黑河中下游干流河道多年间的生态环境变化情况,为评估黑河调水效益提供了客观支撑;通过黑河中下游干流区域生态环境模拟预测,为黑河流域水量统一调度提供了参考依据。同时,对研究方法和数据收集来源进行详细描述,对基于遥感技术开展长时序的科研和生产人员,具有重要的参考价值,是一本实用性和指导性均较强的书籍。

本书由黄河勘测规划设计研究院有限公司刘豪杰、胡洁、韦蔚,黑河水资源与生态保护研究中心董国涛、李凯共同撰写,由胡洁进行统稿。在本书的撰写过程中,参考了国内外相关文献,在此对相关专家和学者表示感谢!

由于作者水平有限,书中难免存在不足和不妥之处,恳请读者批评指正!

作 者

2022 年 9 月

目　录

第 1 章 概 述

1.1 黑河生态环境动态变化研究背景

1.1.1 黑河流域简介

黑河流域是我国西北干旱区重要的内陆河流域之一,它发源于祁连山北麓,流经青海、甘肃和内蒙古三省(自治区)。中游的张掖地区,地处古丝绸之路和今欧亚大陆桥之要地,农牧业开发历史悠久,享有"金张掖"之美誉;下游的额济纳旗边境线长 507 km,区内有我国重要的国防科研基地和额济纳三角洲,后者既是阻挡风沙侵袭、保护生态的天然屏障,也是当地人民生息繁衍、国防科研和边防建设的重要依托。黑河流域生态系统保护与建设是西部大开发的重要内容,关系着流域经济社会发展、居民生存环境乃至整个西北、华北地区生态系统的保护和改善,事关国防巩固、民族团结、社会安定的大局,战略地位十分重要。

1.1.2 黑河流域生态环境变化特点

黑河流域是资源型缺水区域,区域水资源供需矛盾突出。在 20 世纪 60～90 年代,随着黑河中游人口的增加和人类对绿洲的大规模开发,加之大量水利工程的建设,进入黑河下游的水量逐渐减少,区域环境急剧恶化,黑河下游逐渐成为我国沙尘暴的重要策源地之一。针对严峻的黑河生态系统恶化局面和突出的水事矛盾,自 2000 年开始,国家决策实施水量统一调度和流域治理。通过水量统一调度,促进了中游节水型社会建设,有效提高了水资源利用效率,进入下游绿洲的水量明显增加,缓解了流域生态环境的恶化趋势,流域生活用水、生产用水和生态用水初步得到了合理配置。随着流域经济社会迅速发展,在流域生态环境得到总体改善的同时,局部地区出现生态恶化,针对这一问题,国家有关部委进行了联合调研,但由于涉及的问题较为复杂,同时缺乏必要的基础数据支撑,对出现的问题难以定论。为准确掌握黑河干流水量调度实施以来黑河干流中下游地区的生态情况,查清黑河中下游林地、草地等的分布现状,掌握绿洲动态变化,客观反映生态变化地域空间特征,为黑河流域中下游的土地资源合理配置和水资源统一管理与调度提供科学依据和技术支撑。2012 年,黑河流域管理局开展了黑河流域中下游生态环境动态变化调查分析,利用 2000 年、2011 年两期 Landsat TM 和 ETM +遥感影像,获取了黑河中下游区域 2000 年、2011 年的 1∶10 万土地覆被数据,对这一时期的土地利用变化和驱动因素进行了分析,获得了一些有益的结论并积累了丰富的生态环境本底数据。

1.1.3　黑河流域生态环境动态变化研究目标

随着流域经济社会迅速发展,流域生态环境发生了快速变化,相应流域用水需求也进一步增大,在初步解决区域之间用水矛盾的同时,水资源配置在区域内发生了新的变化,出现了一些新情况、新问题。

自2012年对黑河中下游生态环境动态变化调查以来,流域经济社会迅速发展,流域生态环境发生了快速变化,相应流域用水需求也进一步增大,在初步解决区域之间用水矛盾的同时,水资源配置在区域内发生了新的变化,水资源短缺形势依然严峻,迫切需要通过开展长时间序列的生态环境动态变化调查工作,判断流域生态环境变化的规律,客观反映生态变化地域空间特征,为黑河流域中下游的土地资源合理配置和水资源统一管理与调度提供科学依据和技术支撑。

1.2　干流生态环境动态变化研究现状及发展历程

1.2.1　国外研究现状

国外对于生态环境的研究较早,始于20世纪60年代的"国际生物学计划(IBP)",70年代推出了"人与生物圈计划(MAB)",80年代"国际地圈与生物圈计划(IGBP)"蓬勃发展。在开展大量的环境质量评价工作的同时,环境质量评价的理论研究也获得了长足的发展,使环境质量评价成为环境科学的一个重要分支学科。

1962年《寂静的春天》在美国问世后,环境问题引起了人们的极大关注,特别是1972年罗马俱乐部发表的《增长的极限》给人类社会的传统发展模式敲响了第一声警钟,唤醒了人类保护环境的意识。为了进一步解决环境问题,许多国家相继出台了相关的法律法规。例如:美国成为第一个在国家环境政策法中编制环境影响评价的国家。1969年美国制定的《国家环境政策法》中规定,一切大型工程兴建前必须编写环境影响评价报告书。随后,瑞典也在1969年制定了以环境影响评价为中心的《环境保护法》,并成立了"环境保护许可委员会"。该《环境保护法》规定,凡是产生污染的任何项目,都必须提出许可申请书,颁发许可证后才可进行开发,开发项目的环境影响报告先由环境保护局进行技术审查,最后由批准局进行审批,做出最后决定。在此期间,许多国家的学者在环境质量评价以及环境影响评价等环境科学研究领域中开展了诸多有意义的研究工作。例如:1966年格林提出以 SO_2 和烟雾系数为评价参数的格林大气污染综合指数;美国橡树岭国家实验室于1971年提出橡树岭大气质量指数。在该阶段,生态环境评价的发展趋势为:由单环境要素向多环境要素发展、由单纯自然环境系统向自然环境与社会环境的综合系统过渡、由静态分析向动态分析发展。

到20世纪80年代,随着生态学、环境学可持续发展理论的提出,计算机技术的发展以及"3S"技术在环境科学领域中的应用,对生态环境变化的研究开始蓬勃发展起来。在此期间,许多学者都对评价的标准及方法做了探索,使研究的问题更加复杂化和综合化,而且研究区域的尺度也比较广泛,从全球尺度到地区尺度,从国家尺度到地方尺度。其中,具有代表性的研究有:1981 年 Karr 等提出了生态系统完整性的概念及 12 项指标,为评价自然生态系统在外来干扰下维持自然状态、稳定性和自组织能力的程度提供了一个有效工具;90 年代初,美国国家环保局(U. S. Environmental Protection Agency,EPA)制定了环境监测和评价项目,该项目提出的生态指标共 109 项,从区域和国家尺度评价生态资源状况并对发展趋势进行长期预测,后来在该项目的基础上,又发展出州域的环境监测和评价;1992 年,加拿大生态学家 William 提出了以具体生物物理量为标准的生态足迹分析法,为判断一个区域的发展是否处于生态承载力的范围内提供了方法;此后 Matthew、Luck 等用改进的生态足迹法对城市生态系统进行评价,把人类生态足迹模型和生态系统过程模型结合起来,识别生态系统发展的限制因素,并对美国主要的 20 个大城市利用生态足迹法进行了比较评价;MarcoTrevisan 以意大利 Cremora 省为例,采用非点源农业危险指数,利用 GIS 技术,采用分级的方法分析评价了农业行为对生态环境的影响。Siddiqui 等利用卫星遥感和 GIS 技术对巴基斯坦信德地区河流附近的森林及河流改道进行了动态变化研究。由 Moony、Cropper、Reid、徐冠华等 10 多名著名学者酝酿并在联合国有关机构、世界银行、全球环境基金和一些私人机构的支持下,新千年生态系统评估(Millennium Ecosystem Assessment,MA/MEA)于 2001 年 6 月 5 日启动,其核心工作是评估生态系统现在的状况、预测未来的变化、提出为改善生态系统管理状况而应采取的对策以及在世界的若干重点地区开展区域性评估。

1.2.2 国内研究现状

随着人们对生态环境评价的日益重视和环境评价工作的不断深入,生态环境评价深入到诸多领域,研究方法及研究手段也多样化。20 世纪 90 年代,许多学者从不同的角度对各领域的生态环境进行了评价,如在城市生态环境质量的评价中,吴宁采用模糊综合评价法对铜川市 2003 年度、2004 年度大气环境中 SO_2、NO_2、PM10 浓度的日均值进行了分析,从而评价铜川市的大气环境质量等级。李玉实、孙宏采用"城市生态环境适宜度指数法"对本溪市城市生态环境质量进行评价及预测。在农业生态环境综合评价中,阎伍玖等引入灰色系统理论中的关联度分析法,提出了区域生态环境质量的多级模糊综合评价——灰色关联优势分析复合模型,并以县作为评价单元,从自然生态系统、社会经济系统和农田污染系统三个子系统分别选取指标,对安徽芜湖区域农业生态环境质量进行了综合评价。在区域生态环境评价中,马乃喜分析了宏观评价区域生态环境的简明方法——主导因子法,并讨论了主导因子法的应用和研制区域可持续发展目标应注意的问题;徐明德、李艳春等提出将地理信息系统技术和 AHP-模糊综合评价模型互相融合,以网格单元进行生态环境评价的"分解-合成"新技术方法,建立了改进的"模糊脆弱性评价模型",并以浑源县为例,应用所建立的模型与采用的技术方法进行验证性分析。在对流域的生态环境评价中,李如忠等基于灰关联理论,建立流域生态环境评价模型,并以巢湖流域为个案,构建流域生态环境评价指标体系,提出了评价标准的级别划分,利用所建模型对流域生态环境质量现状进行评价。王宏伟,张小雷等借助 GIS 技术,以县级行政区划为单元,利用 2002 年和 2004 年遥感监测数据,运用综合指数评价法,对新疆伊犁河流域 8 县 1 市的环境质量现状进行了评价。

我国对生态环境变化的研究起步较晚。比较典型的是借助遥感手段,大范围的调查水土流失变化情况。中国科学院地理所对浙江省兰溪市上华试验区,用20世纪50年代和80年代的航空相片,并参考1991年Landsat遥感影像和1992年Landsat遥感影像,采用目视解译的方法对研究区土地退化进行了研究;江苏省选用1954年、1978年和1988年三期航空相片对无锡市的土地利用变化进行了监测研究;1985—1990年,水利部利用卫星影像通过目视解译编制了全国分省1:50万及全国1:200万水土流失现状图,对全国的水土流失状况进行了调查;中国科学院南京土壤所开展了"遥感监测红壤年流失量研究";中国科学院水利部西北水土保持研究所进行了"黄土高原小流域水土流失与综合治理遥感监测研究";王杰生等采用遥感图像处理技术,分别计算了河北省南皮县试验区两个不同时相TM与SPOT图像的亮度指数和垂直植被指数,进而求算变化向量、自动输出变化分类图的试验研究结果。通过对分类图斑进行实地检验,都准确无误;刘洋在研究黑龙江省阿城市土地利用变化规律的基础上,采用遥感影像分析了土地利用类型及其变化的特点,在此基础上提出了快速、及时、可靠的土地利用类型动态变化监测及土地变更图件精度检查的遥感方法。

2000年以后,遥感信息技术也快速发展,土地利用/土地覆盖的监测技术方法也有了发展。陈晋等以北京市海淀区为例,在土地利用/土地覆盖变化监测研究中首先引入了变化向量分析法,提出了一种双窗口变步长阈值搜寻的新方法,解决了向量分析法中变化阈值确定的难题;李成范将贝叶斯网络引入独立分量分析方法中,提取了1988年和2007年的重庆都市核心区各类型土地覆盖数据,并对其时空变化进行了分析;曹林林等采用卷积神经网络算法对高分辨率影像进行分类,避免了特征提取和分类过程中数据重建的复杂度,提高了分类精度。在生态环境动态变化研究方面,更多的研究是侧重于区域生态环境调查与监测。郑丙辉等利用三时段的Landsat TM/ETM+影像数据,结合滇池水质的监测结果,研究分析了滇池流域生态环境的动态变化。吴炳方等运用遥感技术对五个生态环境典型治理区的生态恢复情况进行了动态监测研究。汪西林分析了比利时中部黄土区Ganspoel流域的土地利用变化,结果显示,1947—1969年,研究区域土地利用发生变化的面积达49%,1969—1986年,发生变化的面积达36%;朱会义等利用1985年、1995年2期TM影像资料,分析了1985—1995年间环渤海地区3省2市土地利用的数量变化和空间变化特征,揭示了该区域各类土地利用变化的主要类型、分布特征和区域方向;马宗泰等以遥感影像和气候资料为数据源,采用实证分析法和灰色关联度分析法,对青海玉树隆宝地区的生态环境进行了动态变化研究;孙倩等以渭干河–库车河三角洲绿洲为研究区,利用四期遥感影像对绿洲土地覆盖变化信息进行定量提取和分析,结果表明,1989—2001年,各类地物面积呈现五增二减的趋势,2001—2006年,呈现四增三减的趋势,2006—2010年,呈现四增三减的趋势。李亮等以遥感影像与土地覆被详查资料为主要数据源,研究了贵州省五马河流域2000—2010年间土地覆被变化。研究表明,10年间耕地面积减少17.958 km²,为主要减少地类,园地、水域、灌木林地在流域总面积变化程度较小,但园地与水域在各自面积的变动较大。

我国西北干旱区在全球生态环境系统中占有极为重要的地位,其气候、生态和环境问题一直是国际、国内科学家和各国政府关注的焦点。黑河流域作为西北干旱区一个极其重要的内陆河流域,对该流域生态环境变化的研究也日益增多。王根绪等分析了近 50 年来河西走廊区域生态环境变化的特征,具体到水环境变化特征、植被生态变化和土地生态变化等三个方面,指出生态环境变化在一定程度上严重制约了区域经济社会的可持续发展,并提出了相关对策;卢玲等利用 TM 影像对黑河流域中游地区 1980—1990 年间的土地利用状况和景观进行了研究;吴莹莹等在黑河流域做了基于 TM 遥感影像的绿洲空间分布提取工作;李娜曾利用 1990 年、2000 年和 2005 年夏秋季的 Landsat ETM/TM 数据为信息源,以人机交互方式目视解译获取了黑河流域中游地区三期土地利用/土地覆盖数据,并将各土地类型面积变化与该地区各自然和人文驱动因子做空间相关分析。郑炳辉等在黑河流域利用三个时相的遥感数据,对土地利用/土地覆盖变化进行了分析,结果表明,上游地区水资源减少,而中游地区土地盐碱化,下游地区则呈土地沙漠化;潘竟虎等对黑河下游土地利用与景观格局时空特征分析,表明 1986—2003 年黑河下游额济纳地区土地利用动态变化的趋势是城镇的建设用地迅速扩张、耕地严重退化,林草用地锐减,土地荒漠化程度加剧。蒙吉军等对黑河流域 80 年代以来的土地利用/土地覆盖变化进行研究,表明土地利用结构中耕地、林地和城镇用地有明显增加,上中下游区域土地覆被的差异明显,变化幅度和强度不同。李晓文等通过对西北干旱区二级土地利用类型的环境效应进行赋值,定量分析了土地覆被的生态环境效应;李传哲等利用 GIS、RS 和景观生态学方法,分析了 1985—2005 年黑河中游地区的景观动态变化及驱动力;蒋晓辉等聚焦黑河调水与下游生态变化的响应关系,分析了 2000—2004 年下游地区生态环境变化情况;乔西现等就黑河调水对下游尾闾湖泊及周边生态环境的影响进行了研究,分析了 2000—2006 年下游东、西居延海周边区域的生态环境变化情况,结果表明区域生态环境正在好转。

1.2.3 研究评述

综观国内外对生态环境变化研究的进展,可以把研究的发展趋势归纳为以下几个特征。

1.2.3.1 研究对象复杂化和综合化

生态系统是一个社会-经济-自然的复合巨系统,兼具自然与社会的双重属性,受多种因素的影响,表现出复杂性与不确定性。随着各国工业化的发展,人类活动的加剧,生态环境问题从近期可预见的简单问题发展成长期不可逆转的复杂问题,从肉眼直观性问题发展到人眼不可见的微观问题。生态环境问题的表现形式多样化、形成原因复杂化使得对其研究趋于复杂化和综合化。

1.2.3.2 研究尺度长期化和区域化

要认清错综复杂的生态环境问题,仅从短期的研究已不能说明关键问题所在,因此要求进行长期的生态环境定位研究和网络研究,演替分析和预警研究。另外,全球尺度的研究,有利于从总体上了解全球生态环境的演变态势,增强人们的环保意识,但却不能为行政决策者们制定相关法律政策提供必须的地方性特点,因此在全球环境演变的大背景下进行区域生态系统的可持续性研究成为诸多学者研究的重点。

1.2.3.3　研究方法具体化、定量化、实用化

生态环境系统是一个复杂非线性系统,早期很多生态环境方面的调查研究都还是空泛的定性探讨,解决问题的措施也显得比较泛而空洞无效。计算机技术的快速发展及遥感和地理信息系统技术的应用为研究区域生态环境变化提供了有效的手段,使这个复杂非线性系统的特性表达具有了定量化的数字特征。今后的研究将在可持续发展理论的指导下,更多地针对具体的区域做定量化的个案研究,并提出有效的预防与治理的方法和措施。

1.2.3.4　研究成果的通用性、共享性

随着计算机技术的发展及信息化进程的推进,特别是"3S"技术在生态环境研究中的应用,GIS 强大的管理、分析、模拟、显示空间数据的功能,使许多学者越来越重视空间数据信息库的建设,建立数字生态环境监测系统已成为生态环境调查研究的重要发展趋势。

1.3　河道干流中下游生态环境动态变化研究对象

1.3.1　研究范围

本项目研究区为黑河主干流中下游地区,主要包括黑河主干流沿线的甘州区、临泽县、高台县、鼎新地区和额济纳三角洲,黑河中游研究区面积为 1 399.01 万亩(1 亩 = 1/15 hm^2,全书同),下游研究区面积为 2 614.48 万亩,合计约 4 013.49 万亩。

1.3.2　研究目标

基于中高分辨率卫星遥感数据,对 2000—2017 年黑河主干流中下游地区植被和土地覆被变化进行监测和变化分析,获取实施黑河水资源统一管理与调度以来该区域生态环境动态变化情况,为黑河流域土地资源合理配置和水资源统一管理与调度规划提供科学依据和技术支撑。

1.4　河道干流生态环境研究内容与技术路线

1.4.1　研究内容

本书以遥感卫星影像解译手段为主,配合从相关部门收集的土地利用现状图、水系图、地形图、水文气象数据、社会经济数据等,获取黑河中下游历史及现状基础数据,进行生态环境现状及变化分析,重点利用高分辨率遥感卫星影像和实地调查数据解译黑河中下游 2017 年土地覆被;采用 2000 年、2011 年、2017 年生态环境数据进行生态环境的时空格局变化分析;分析 2000—2011 年及 2011—2017 年生长季 NDVI 和植被覆盖度的变化,定量分析黑河中下游地区植被覆盖变化情况;进行黑河干流中下游区域生态环境模拟预测,为黑河流域水量统一调度工作提供科学依据和技术参考。

1.4.1.1　黑河中下游 2017 年度生态遥感调查

以 2017 年、2018 年高分一号卫星遥感影像(空间分辨率为 2 m)为基础数据,解译得到 2017 年黑河流域中下游土地覆被现状数据,通过野外实地调查和高分辨率遥感数据(高分二号影像,空间分辨率为 1 m)相结合的方法对解译结果进行检验和修正。

1.4.1.2　黑河中下游 2000—2017 年生态环境现状及变化分析

分析 2017 年土地覆被现状,获取 2017 年的土地覆被分布情况;对比已有的 2000 年、2011 年黑河中下游 1∶10 万土地覆被数据和 2017 年土地覆被现状数据,研究 2000—2017 年黑河主干流中下游地区生态环境的时空格局动态变化,尤其是两个阶段间耕地与林、草、水域滩地间相互转化的频度、强度和时空特征。

1.4.1.3　黑河中下游 2000—2017 年植被覆盖度分析

基于 MODIS 250 m NDVI 和 MODIS 500 m 土地覆被产品,分两个时段,分别调查分析 2000—2011 年和 2011—2017 年黑河中下游的植被指数(NDVI)和植被覆盖度变化情况,定量分析黑河中下游生态环境的变化情况。

1.4.1.4　黑河中下游生态环境动态模拟与预测

在外界驱动力不变的情况下,模拟出若干年后黑河中下游各种土地覆被类型的面积,并分析土地覆被变化的主要特点;建立生态环境状况评价的长效机制,研究黑河生态环境演变规律,为黑河水量统一调度工作提供技术性指导,合理配置黑河中下游生产用水、生活用水以及生态用水。

1.4.2　技术路线

(1)以 2017 年、2018 年高分一号卫星遥感影像(2 m)为基础数据,采用人工解译和计算机自动解译相结合的方法,得到 2017 年黑河流域中下游土地利用现状数据,并通过野外实地调查和高分二号卫星遥感数据(1 m)数据相结合的方法对解译结果进行检查和修正,制作研究区 1∶5 万土地利用现状专题图。

(2)对比已有的 2000 年、2011 年黑河中下游 1∶10 万土地利用现状数据和 2017 年土地利用现状数据,研究 2000—2017 年黑河主干流中下游地区生态环境的时空格局动态变化及其驱动力。

(3)基于 MODIS 250 m NDVI 产品,通过年生长季 NDVI 最大值合成,采用线性回归分析的方法,分别分析 2000—2011 年和 2011—2017 年黑河中下游的生长季 NDVI 变化情况和植被覆盖度变化情况。

(4)基于 2000 年、2011 年、2017 年土地利用变化分析结果和研究区 NDVI、植被覆盖度变化分析结果,结合水文气象、社会经济等数据进行驱动力分析,建立生态环境模拟与预测模型,模拟出若干年后黑河中下游土地利用类型的比例,分析生态环境变化驱动因子,得到黑河生态环境演变规律。基于此研究成果,为黑河水量统一调度工作提供技术性指导,合理配置黑河中下游生产、生活以及生态用水。

总体技术路线如图 1-1 所示。

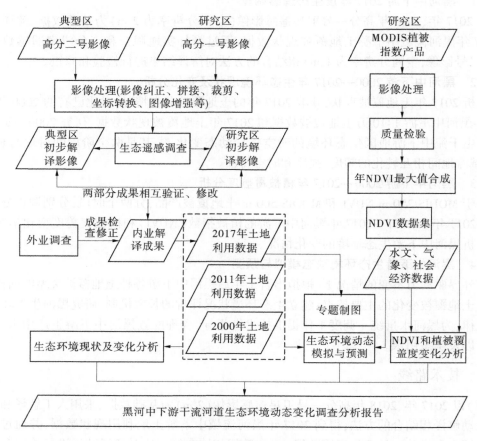

图 1-1　总体技术路线图

第 2 章　研究区概况

2.1　自然地理概况

2.1.1　地理位置

黑河是我国西北地区第二大内陆河,发源于祁连山中段,流域东与石羊河流域相邻,西与疏勒河流域相接,北至内蒙古自治区额济纳旗境内的居延海,与蒙古人民共和国接壤,流域范围介于东经 98°~102°,北纬 37°50′~42°40′,涉及青海、甘肃、内蒙古三省(自治区),国土总面积 14.29 万 km²,其中甘肃省 6.18 万 km²,青海省 1.04 万 km²,内蒙古约 7.07 万 km²。黑河流域有 35 条小支流。随着用水的不断增加,部分支流逐步与干流失去地表水力联系,形成东、中、西三个独立的子水系。东部子水系即黑河干流水系,包括黑河干流、梨园河及 20 多条沿山小支流,面积 11.6 万 km²。

黑河干流全长 928 km,出山口莺落峡水文断面以上为上游,河道长 313 km,面积 1.0 万 km²,是黑河流域的产流区;莺落峡至正义峡水文断面为中游,河道长 204 km,面积 2.56 万 km²,是黑河流域的径流耗用区;正义峡水文断面以下为下游,河道长 411 km,面积 8.04 万 km²,除河流沿岸和居延三角洲外,大部分为沙漠戈壁,属极端干旱区,是黑河流域的径流消散区。

本书集中在黑河干流沿线的中、下游地区,包括中游地区的甘州区、临泽县和高台县[以下统称为甘、临、高三县(区)],下游的鼎新地区和额济纳三角洲,其中以中游甘、临、高三县(区)和下游额济纳三角洲作为重点研究区域。

黑河中游甘、临、高三县(区)位于河西走廊中段,光热资源充足,但降水量只有约 150 mm,属于干旱区,研究区控制面积约为 0.93 万 km²。其中农业生产依赖于灌溉,黑河、梨园河以及其他若干黑河流域小河流是养育中游人工绿洲的水源。中游甘、临、高三县(区)是黑河水资源的主要消耗区,该区域农牧业开发历史悠久,享有"金张掖"之美誉。

黑河下游的鼎新镇位于黑河干流正义峡以下的沿河地带,是黑河进入下游的第一个绿洲,也是内蒙古牧业区与甘肃省农业耕作区的一个结合地带,研究区控制面积 0.30 万 km²;额济纳三角洲位于内蒙古自治区阿拉善盟最西段,北邻蒙古人民共和国,研究区控制面积 1.16 万 km²。黑河中游来水是该地区的主要水源,依靠黑河来水形成的额济纳三角洲,具有显著减缓强风侵蚀和沙尘暴发生的作用,是维护阿拉善和河西走廊,以及整个中国北方、亚洲东部生态安全的重要屏障。

2.1.2　气候特征

黑河中游两岸地势平坦,光热资源充足,但干旱严重,年日照时数为 3 000~4 000 h,

年平均气温 6~8 ℃,年降水量 110~370 mm,由东向西方向和从南向北方向上逐渐递减。降水主要集中在 6—9 月,期间降水量约占全年降水量的 60% 以上。年蒸发量在 1 200~2 200 mm,无霜期 150~170 d,人工绿洲面积较大,部分地区土地盐碱化严重。

黑河下游深居内陆腹地,是典型的大陆性气候,具有降水少、蒸发强烈、温差大、风大沙多、日照时间长等特点。额济纳多年平均降水量仅为 42 mm,年蒸发量 2 200~2 400 mm,年平均气温为 8.04 ℃,最高气温 41.8 ℃,最低气温-35.3 ℃,年日照时数 3 446 h,干旱指数高达 47.5,无霜期 120~140 d,属极端干旱区,风沙危害十分严重,为我国北方沙尘暴的主要来源区之一。

2.1.3　植被

黑河中下游地带性植被为温带小灌木、半灌木荒漠植被,以藜科、疾藜科、麻黄科、菊科、禾本科、豆科为多见植被。受河流水源和人类活动的影响,中游山前冲积扇下部和河流冲积平原上分布有灌溉绿洲栽培农作物和林木,呈现以人工植被为主的景观。而在河流下游两岸、三角洲上与冲积扇缘的湖盆洼地里生长有荒漠地区特有的荒漠河岸林、灌木林和草甸植被,主要树种有胡杨、沙枣、红柳和梭梭等,草甸植被有芦苇、芨芨草、苏枸杞、白刺、苦豆子、甘草等,呈现出荒漠天然绿洲的景观。

2.1.4　土壤

流域中、下游地区属灰棕荒漠土与灰漠土分布区。除这些地带性土类外,还有灌淤土(绿洲灌溉耕作土)、盐土、潮土(草甸土)、潜育土(沼泽土)和风沙土等非地带性土壤。在下游额济纳境内,以灰棕漠土为主要地带性土壤,受水盐运移条件和气候及植被影响,也分布有硫酸盐盐化潮土、林灌草甸土及盐化林灌草甸土、碱土、草甸盐土、风沙土及龟裂土等非地带性土壤。

2.1.5　水文

黑河流域的各条河流均发源于祁连山区,河流水的主要来源是山区冰川、积雪融水和降水。这些河流可划分为东、中、西 3 个子水系。其中西部水系为洪水河、讨赖河水系,归宿于金塔盆地;中部为马营河、丰乐河诸小河水系,归宿于明花高台盐池;东部子水系由黑河干流、梨园河及诸多小河流组成,尾闾是东、西居延海。根据区内 1956—2000 年水文站径流资料统计,黑河流域各河多年平均径流量为 36.56 亿 m³,其中西部子水系 8.95 亿 m³,中部子水系 2.78 亿 m³,东部子水系 24.75 亿 m³。东部子水系水量中包括黑河干流出山径流 15.8 亿 m³,梨园河出山径流量 2.37 亿 m³,其他沿山支流 6.58 亿 m³。

2.2　社会经济概况

黑河流域自上游至下游居延海,分别流经青海省的祁连县,甘肃省张掖、临泽、高台、金塔县(市),和内蒙古自治区的额济纳旗等县(市)。

中游地区包括甘肃省的张掖、临泽、高台等县(市),属灌溉农业经济区。根据 2015

年统计数据,黑河流域中游地区人口 79. 49 万人,城镇化率 44. 72%,农作物播种面积 199. 50 万亩,粮食总产量 7. 69 亿 kg,人均粮食 967 kg,农民人均纯收入达到 1. 12 万元;国内生产总值 252. 88 亿元,第一、二、三产业的比例为 25:30:45。

　　下游地区包括甘肃省金塔县鼎新灌区和内蒙古自治区额济纳三角洲地区。其中,鼎新灌区人口结构以农业人口为主,表现为农村人口多,非农业人口少;人口 2. 5 万,农田灌溉面积 8. 19 万亩,粮食产量 7 635 t,农业总产值 6. 96 亿元。额济纳三角洲地区人口 1. 8 万,农作物总播种面积 77 043 亩,粮食、蜜瓜和棉花总产量 13. 38 万 t,农牧民纯收入 1. 65 万元;国内生产总值 41. 10 亿元,第一、二、三产业的比例为 4:42:54。

第3章　数据收集与研究方法

3.1　卫星遥感数据收集

3.1.1　遥感卫星平台介绍

3.1.1.1　高分系列卫星平台

高分专项的主要使命是加快我国空间信息与应用技术发展,提升自主创新能力,建设高分辨率先进对地观测系统,满足国民经济建设、社会发展和国家安全的需要。高分专项的实施将全面提升我国自主获取高分辨率观测数据的能力,加快我国空间信息应用体系的建设,推动卫星及应用技术的发展,有力保障现代农业、防灾减灾、资源调查、环境保护和国家安全的重大战略需求,大力支撑国土调查与利用、地理测绘、海洋和气候气象观测、水利和林业资源监测、城市和交通精细化管理、卫生疫情监测、地球系统科学研究等重大领域应用需求,积极支持区域示范应用,加快推动空间信息产业发展。

1. 高分一号(GF-1)

高分一号(GF-1)是高分专项天基系统中的首发星(参数见表3-1),其主要目的是突破高空间分辨率、多光谱与高时间分辨率结合的光学遥感技术,多载荷图像拼接融合技术,高精度高稳定度姿态控制技术,5~8 a寿命高可靠低轨卫星技术,高分辨率数据处理与应用等关键技术,推动我国卫星工程水平的提升,提高我国高分辨率数据自给率。高分一号立足于CAST2000小卫星平台进行改进升级,重量为1 060 kg,运行轨道为高度645 km、倾角98.1°、降交点地方时10:30AM的太阳同步轨道,有效载荷包括2台高分辨率相机和4台中分辨率相机及配套的高速数传系统,设计寿命5~8 a,具备每天8轨成像、侧35°成像能力,最长成像时间12 min。

高分一号卫星特点及优势如下:

(1)实现高分辨率与大幅宽的结合:2 m高分辨率与60 km成像幅宽,16 m分辨率与800 km成像幅宽。

(2)实现无地面控制点50 m图像定位精度,达到国内同类卫星最高水平。

(3)在小卫星上实现2×450 Mbps数据传输能力,达到同类卫星规模最高水平。

(4)具备高的姿态指向精度和稳定度,姿态稳定度优于5e-4°/s,并具有35°侧成像能力。

(5)设计寿命5~8 a,是我国首颗设计、考核寿命要求大于5年的低轨卫星。

(6)在国内民用小卫星上首次具备中继测控能力,可实现境外时段的测控与管理。

(7)有效载荷占整星重量比达47.2%,为国内同类卫星最高水平。

表 3-1　高分一号参数展示

载荷	谱段号	谱段范围/μm	空间分辨率/m	幅宽/km	侧摆能力	重放周期/d
高分数据	1	0.45~0.90	2	60(两台相机组合)	±35°	4
	2	0.45~0.52	8			
	3	0.52~0.59				
	4	0.63~0.69				
	5	0.77~0.89				
宽幅相机	1	0.45~0.52	16	800(4台相机组合)		2
	2	0.52~0.59				
	3	0.63~0.69				
	4	0.77~0.89				

2. 高分二号(GF-2)

高分二号(GF-2)卫星是我国自主研制的首颗空间分辨率优于 1 m 的民用光学遥感卫星,搭载有两台高分辨率 1 m 全色、4 m 多光谱相机,具有亚米级空间分辨率、高定位精度和快速姿态机动能力等特点,有效地提升了卫星综合观测效能,达到了国际先进水平,这是我国目前分辨率最高的民用陆地观测卫星,星下点空间分辨率可达 0.8 m,标志着我国遥感卫星进入了亚米级"高分时代"。高分二号的主要目的是突破亚米级高分辨率大幅宽成像、长焦距大 F 数轻小型相机设计、高稳定度快速姿态侧机动、图像高精度定位、低轨道遥感卫星长寿命高可靠设计等关键技术,大幅提升了我国遥感卫星观测效能,打破了高分辨率对地观测数据依赖进口的被动局面,推动我国高分辨率对地观测卫星及应用水平的提升,提高国家高分辨率对地观测系统重大专项工程的社会效益和经济效益。

高分二基于资源卫星 CS-L3000A 平台开发,重量为 2 100 kg,设计寿命为 5~8 a,运行轨道为高度 631 km、倾角 97.9°、降交点地方时 10:30AM 的太阳同步轨道,装载两台 1 m 全色,4 m 多光谱相机实现拼幅成像,星下点分辨率全色为 0.81 m、多光谱为 3.24 m,成像幅宽为 45 km。设计具有 180 s 内侧摆 35°并稳定的姿态机动能力,能每天成像 14 圈,每圈最长成像 15 min,能实现 69 d 内对全球的观测覆盖,以及 5 d 内对地球表面上任一区域的重复观测。高分二号参数见表 3-2。

表 3-2　高分二号参数展示

载荷	谱段号	谱段范围/μm	空间分辨率/m	幅宽/km	侧摆能力	重放周期/d
全色、多光谱相机	1	0.45~0.90	0.8	45(两台相机组合)	±35°	5
	2	0.45~0.52	3.2			
	3	0.52~0.59				
	4	0.63~0.69				
	5	0.77~0.89				

3.1.1.2　哨兵 2 号遥感卫星平台

"哨兵-2A"卫星重约 1.13 t,由欧洲空中客车防务与航天公司制造,预计工作寿命为 7 年零 3 个月,其参数见表 3-3。哨兵-2A 卫星是多光谱高分辨率成像任务,用于陆地监测,可提供植被、土壤和水覆盖、内陆水路及海岸区域等图像,还可用于紧急救援服务。

哨兵-2A 所携带的光学传感器与哨兵-1A 相结合,可以获取大范围、高重访周期的数据。提供高分辨率的环境监测能力,可用于食品安全、森林监测、土地利用变化、植被健康监测等。同时,该卫星在运行期间将提供有关农业、林业种植方面的监测信息,对预测粮食产量、保证粮食安全等具有重要意义。此外,它还将用于观测地球土地覆盖变化及森林,监测湖水和近海水域污染情况,以及通过对洪水、火山喷发、山体滑坡等自然灾害进行成像为灾害测绘和人道主义救援提供帮助。

表 3-3　哨兵 2 号参数展示

参数	指标
光谱范围/μm	0.4~2.4(可见光、近红外、短波红外)
望远镜镜面尺寸	440 mm×190 mm(M1)、145 mm×118 mm(M2)、550 mm×285 mm(M3)
空间分辨率/m	10(4 个谱段)、20(6 个谱段)、80(3 个谱段)
幅宽/km	290
视场/(°)	20.6
质量/kg	<275
功率/W	266
数据传输率/(Mbit/s)	450

3.1.2　遥感数据采集

3.1.2.1　2017 年高分遥感数据的收集

(1)高分一号(全覆盖)。空间分辨率为 2 m,以 2017 年 3—10 月、2018 年 3—10 月为主,个别漏洞采用 2017 年其他时相影像补充,保证覆盖整个研究区域。高分一号卫星影像分布及数据详情见图 3-1、表 3-4。

(2)高分二号(验证区)。空间分辨率为 2 m,范围涵盖平川黑河沿岸河滩区、张掖城北国家湿地公园附近区域、额济纳旗东居沿海附近区域等 10 个区域,用高分一号内业解译数据的精度评定和结果检验。高分二号卫星影像分布及数据详情见图 3-2、表 3-5。

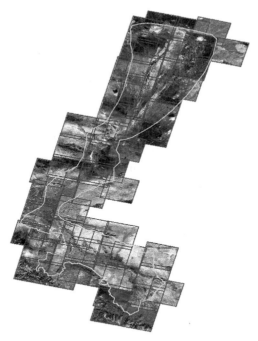

图 3-1　高分一号卫星影像分布(共 61 景)

表 3-4　高分一号卫星影像数据详情

编号	接收日期(年-月-日)	轨道号
1	2017-12-06	2825756
2	2017-12-06	2825776
3	2018-02-26	3028440
4	2018-01-20	2945672
5	2018-01-20	2945671
6	2017-12-10	2837104
7	2017-12-10	2837102
8	2018-01-20	2945662
9	2018-01-20	2945664
10	2018-03-06	3044167
11	2018-03-02	3036207
12	2017-02-22	2200950
13	2017-03-02	2214835
14	2017-03-02	2214833
15	2018-03-02	3036208
16	2017-02-22	2200951

续表 3-4

编号	接收日期(年-月-日)	轨道号
17	2017-02-22	2200948
18	2018-03-02	3036205
19	2018-03-02	3036206
20	2018-03-10	3052329
21	2018-01-20	2945650
22	2018-01-20	2945641
23	2018-03-10	3052313
24	2018-03-10	3052330
25	2017-03-02	2214828
26	2018-03-10	3052338
27	2017-03-02	2214832
28	2017-03-02	2214825
29	2017-03-02	2214826
30	2017-03-02	2214824
31	2017-03-02	2214823
32	2017-09-15	2601317
33	2018-03-10	3052321
34	2018-01-20	2945568
35	2018-01-20	2945566
36	2017-12-10	2836994
37	2017-02-26	2207463
38	2017-12-10	2836987
39	2018-01-20	2945565
40	2017-02-26	2207462
41	2018-01-20	2945563
42	2018-03-06	3044145
43	2018-01-20	2945564
44	2018-03-06	3044147
45	2017-03-02	2214795
46	2018-01-28	2964763
47	2018-03-10	3052235
48	2017-03-02	2214793

续表 3-4

编号	接收日期(年-月-日)	轨道号
49	2017-09-15	2601294
50	2017-09-19	2612019
51	2017-03-02	2214790
52	2017-03-02	2214784
53	2017-03-02	2214785
54	2017-03-02	2214783
55	2017-03-02	2214780
56	2018-01-24	2955352
57	2017-09-23	2621303
58	2018-03-10	3052230
59	2018-01-28	2964761
60	2018-01-28	2964758
61	2017-12-06	2825759

图 3-2　高分二号卫星影像分布(共 26 景)

表 3-5　高分二号卫星影像数据详情

编号	接收日期（年-月-日）	轨道号
1	2017-09-29	2636332
2	2017-09-29	2636326
3	2017-09-29	2636322
4	2017-08-10	2534484
5	2017-08-10	2534489
6	2017-09-29	2636484
7	2017-09-29	2636483
8	2017-09-18	2608782
9	2017-09-23	2621623
10	2017-09-18	2608780
11	2017-09-23	2621619
12	2017-09-28	2634203
13	2017-09-28	2634184
14	2017-09-18	2608649
15	2017-09-23	2621531
16	2017-09-28	2634085
17	2017-09-28	2634090
18	2017-09-28	2634091
19	2017-09-29	2636342
20	2017-09-29	2636340
21	2017-08-10	2534498
22	2017-09-28	2634200
23	2017-09-28	2634197
24	2017-09-29	2636507
25	2017-09-29	2636502
26	2017-09-29	2636499

（3）哨兵二号卫星影像：空间分辨率 10 m，用于水体和植被解译，其影像分布及数据详情见图 3-3、表 3-6。

图 3-3　哨兵卫星影像分布 (21 景)

表 3-6　哨兵卫星影像数据详情

编号	接收日期(年-月-日)	轨道号
1	2017-07-10	040549/041314/SMD
2	2017-07-10	040549/041314/SNC
3	2017-07-10	040549/041314/SND
4	2017-07-10	040549/041314/SPC
5	2017-07-10	040549/041314/SPD
6	2017-07-10	040549/041314/SQC
7	2017-07-10	040549/041314/SQD
8	2017-07-10	040549/041314/TME
9	2017-07-10	040549/041314/TMF
10	2017-07-10	040549/041314/TNE
11	2017-07-10	040549/041314/TNF
12	2017-07-10	040549/041314/TNG
13	2017-07-10	040549/041314/TNH

续表 3-6

编号	接收日期(年-月-日)	轨道号
14	2017-07-10	040549/041314/TPE
15	2017-07-10	040549/041314/TPF
16	2017-07-10	040549/041314/TPG
17	2017-07-10	040549/041314/TPH
18	2017-07-10	040549/041314/TQE
19	2017-07-10	040549/041314/TQF
20	2017-07-10	040549/041314/TQG
21	2017-07-10	040549/041314/TQH

（4）航空影像：分辨率 0.5 m，这里用作解译标志的建立，见图 3-4。

图 3-4　航空影像

3.1.2.2　2000—2017 年 MODIS 植被指数数据

植被指数数据采用美国国家航空航天局（NASA）提供的 MODIS 陆地专题中的 3 级网格数据产品 MOD13Q1（https://ladsweb.modaps.eosdis.nasa.gov/），该产品时间分辨率为 16 d，空间分辨率为 250 m，采用正弦投影方式。按项目研究的实际需要，收集 2000—2017 年生长季（7—8 月）数据，共 72 期，144 景遥感影像数据。

3.1.2.3　2000—2017 年逐年 MODIS 土地利用数据

土地利用数据采用美国国家航空航天局（NASA）提供的 MODIS 陆地专题中的 3 级网格数据产品 MCD12Q1（https://ladsweb.modaps.eosdis.nasa.gov/），该产品每年一期，空间分辨率为 500 m,采用正弦投影方式。按项目研究的实际需要,收集 2000—2017 年的 18 期数据,用于植被覆盖度计算。

3.1.2.4 土地利用数据的收集

收集到黑河中、下游区域 2000 年、2011 年的基于 30 m 空间分辨率 TM 卫星影像解译得到的 1:10 万土地利用数据,平川黑河沿岸河滩区、张掖城北国家湿地公园附近区域、额济纳旗东居沿海附近区域三个重点区域的 2012 年的基于 2.5 m 空间分辨率 SPOT 卫星影像解译得到的土地利用数据。该数据主要用于 2017 年收集卫星影像的几何纠正、土地利用变化分析等。

3.1.2.5 水文气象资料的收集

收集到的水文数据有 2000—2017 年黑河干流的莺落峡站、正义峡站、哨马营站、狼心山站以及东居延海站点的每个月份的径流量、流量数据(见图 3-5)。

	A	B	C	D	E	F	G	H
1	水文站	站码	年份	月	径流量（m³/s）	流量（m³）		
2	莺落峡	′01500400	2000	1	479	0.413856		
3	莺落峡	′01500400	2000	2	454.6	0.392774		
4	莺落峡	′01500400	2000	3	574	0.495936		
5	莺落峡	′01500400	2000	4	841.6	0.727142		
6	莺落峡	′01500400	2000	5	968.9	0.83713		
7	莺落峡	′01500400	2000	6	2967.4	2.563834		
8	莺落峡	′01500400	2000	7	2822.5	2.43864		
9	莺落峡	′01500400	2000	8	2990.6	2.583878		
10	莺落峡	′01500400	2000	9	2249.3	1.943395		
11	莺落峡	′01500400	2000	10	1391.2	1.201997		
12	莺落峡	′01500400	2000	11	707.43	0.61122		
13	莺落峡	′01500400	2000	12	481.2	0.415757		
14	莺落峡	′01500400	2001	1	406.5	0.351216		
15	莺落峡	′01500400	2001	2	448.4	0.387418		
16	莺落峡	′01500400	2001	3	498.1	0.430358		
17	莺落峡	′01500400	2001	4	690.4	0.596506		
18	莺落峡	′01500400	2001	5	797.9	0.689386		
19	莺落峡	′01500400	2001	6	1231.6	1.064102		
20	莺落峡	′01500400	2001	7	2736.4	2.36425		
21	莺落峡	′01500400	2001	8	2283.5	1.972944		
22	莺落峡	′01500400	2001	9	3496.4	3.02089		

莺落峡站　正义峡站　哨马营站　狼心山东干渠　狼心山东河　狼心山西河　东居延海

图 3-5　水文数据图

收集到的气象数据有张掖站、高台站 2000—2017 年,临泽站 2000—2016 年,额济纳旗站 2000—2010 年的月平均气温和降水量数据,鼎新站 2000—2005 年平均气温数据。

3.1.2.6 社会经济数据的收集

收集到 2010—2016 年张掖市 GDP、第一产业产值、第二产业产值、第三产业产值、人均收入数据,额济纳旗 2009 年、2010 年、2015 年、2016 年的 GDP、第一产业产值、第二产业产值、第三产业产值数据。

3.1.2.7 研究区道路、行政驻地等矢量数据和土壤类型等数据

收集研究区县市中心、省市县道路、高速公路、铁路、居民点的矢量数据,作为生态环境动态模拟预测中的人文影响因素数据,以及土壤类型栅格数据,作为生态环境动态模拟预测中的自然影响因素数据。

3.1.2.8 地形数据的收集

收集到研究区格网大小为 30 m 的 DEM 数据,用于遥感影像正射校正和生态环境动态模拟预测中的自然影响因子;收集到部分区域格网大小为 5 m 的 DEM 数据,用作土地覆被现状解译时耕地类中山区旱地、丘陵旱地、平原旱地的区分;收集到 1:1 万地形图数

据用于2017年土地覆被现状数据解译。

3.2　研究方法

3.2.1　遥感解译

3.2.1.1　卫星遥感影像几何校正

图像校正主要是指辐射校正和几何校正。辐射校正包括传感器的辐射校正、大气校正、照度校正遗迹条纹和斑点的判定及消除。几何校正就是校正成像过程中造成的各种几何畸变,包括几何粗校正和几何精校正。几何粗校正是针对造成畸变的原因进行的校正,我们得到的卫星遥感数据一般都是经过几何粗校正处理的。几何精校正是利用地面控制点进行的几何校正,它是用一种数学模型来接近描述遥感图像的几何畸变过程,并利用标准图像和畸变的遥感图像之间的一些对应点(地面控制点数据)确定几个几何畸变模型,然后利用此模型进行几何畸变的校正,这种校正不考虑畸变的具体形成原因,而只考虑如何利用畸变模型来校正遥感图像。

由于几何校正后的影像可以用于提取精确的距离、多边形面积以及方向等信息,同时可以建立遥感提取的信息与地理信息系统(GIS)或空间决策支持系统(SDSS)中其他专题信息之间的联系,所以对遥感数据进行预处理,消除几何畸变是十分重要的。

1. 误差产生因素

遥感影像一般存在内部误差和外部误差,识别内外部误差源以及它们是系统误差还是随机误差非常重要。一般来说,内部误差引起的畸变通常是系统性的、可预测的,外部误差引起的畸变通常是随机的。系统误差通常比较容易改正,方法简单,而随机误差相对复杂。

1)内部误差产生原因

内部误差引起的几何畸变主要包括:地球自转引起的偏差、扫描系统引起的标称地面分辨率变化、扫描系统一维高程投影差、扫描系统切向比例畸变。

对于地球自转引起的偏差,通常进行偏差校正,偏差校正就是将影像像幅中的像元向西做系统的位移调整,改正卫星传感器系统的角速度和地表线速度的相互作用。扫描系统引起的标称地面分辨率变化主要是指亚轨道多光谱扫描系统,由于距星下点越远,地面分辨率就越低,所以大多数科学家主要使用横向扫描数据·幅中央70%的区域(星下点左右各35%)。在星下点曝光瞬间,垂直航摄相片仅有一个位于飞行器正下方的像主点,这种透视几何关系使得所有高于周围地面的目标地物会出现从像主点向外放射状分布的不同程度的平面维系。这就产生了扫描系统一维高程投影差。由于扫描镜匀速旋转,传感器扫描星下点的地理距离要比影像边缘区域的短,这就使垂直于轨道方向的一个轴发生了压缩。离星下点地面分辨单元越远,影像压缩的比例就越大,这就是切像比例畸变。

2)外部误差产生因素

遥感数据几何误差的主要外部因素是数据采集时飞机或航天器的随机运动,主要包括高度变化、姿态变化(翻转、俯仰和偏航)。

在理想的情况下,遥感系统距地面的飞行高度应该不变,以保持影像比例尺沿飞行方向不变。然而,即使遥感系统距离水平面飞行高度固定不变,影像比例尺也会变化,这种情况的发生是由于地面起伏变化(也就是说地面会靠近或远离遥感系统)。影像中会存在比例尺变化,常通过几何纠正算法尽量减小这些影响。卫星平台一般较为稳定,因为它们不受大气湍流或风的影响,但亚轨道飞行器在采集遥感数据时会受到向上气流、向下气流、顶风、顺风和侧风等的冲击。即使遥感平台距地高度保持不变,但它仍然可能分别沿着三轴随机旋转,这通常称为翻滚、俯仰和偏航。

2. 卫星影像几何精纠正方法

卫星影像几何精纠正方法很多,本书使用的是一种比较常用的方法,即利用控制点 GCP(Ground Control Point)对图像进行几何精纠正。该方法涉及以下几个关键技术:

(1)选取地面控制点 GCP。所选的 GCP 应是图像上可以清晰显示出来并在地形图上可以精确定位的特殊地貌点,如河流的拐弯、交叉处,小岛,水塘,桥梁等,而且要在图幅上均匀分布。一般来说,要校正一幅图像应至少保证有 3 个 GCP 点,选择的 GCP 越多,图像的精度就越高,但因计算量增大,计算时间增长,所需的费用将会很高。这就需要根据图像的大小和对图像的精度要求来进行合理有效的选取。

(2)坐标类型及坐标系统间的转换。坐标类型的转换即使被校正的图像和对应地形图的坐标类型相一致,一般要把地形图上控制点的位置转换成相应图像坐标中的位置,图像坐标指的是校正后的输出图像坐标,其方位应调整与地理方位相一致,但像元大小不一定与输入图像相同。坐标系统间的转换是采用回归方法建立两个坐标系统间的转换函数,确定转换系统矩阵,然后根据这个矩阵来校正图像,使之与地形图相匹配。

(3)像元值(灰度)的内插重采样。在图像的几何变换中,图像和地形图上控制点的坐标是以整数形式一一对应的。但对于非 GCP 点,虽然输出图像上是整数坐标,但输入图像上对应点的坐标经换算后往往不是整数,多数情况下落在输入图像网格中几个像元点之间,因而输出图像的像元值必须经过一定的内插方法,由其在输入图像中内插点周围的若干像元值来计算确定。常用的再抽样或内插方法有最近邻法、双线性内插法和立方卷积法三种。

最近邻法:取距离输入图像上整数坐标点最近的输入像元值作为输出像元值。该方法的特点是:运算速度很快,光谱信息不变,即保持原来的亮度值不变;但几何精度稍差,空间位置略微移动。

双线性内插法:用内插点位置的 4 个近邻像元值进行二维线性内插。该方法计算量较最近邻法大,并且波谱信息发生了变化,造成高频信息的损失。这种方法类似于平均法,但决不等于平均法。其几何精度较高。

立方卷积法:在抽样点周围的一个邻区范围内,通过卷积运算来求得抽样点的像元值。该方法计算量最大,但却减小了由于内插而造成的高频率信息的损失。

在进行图像的几何精纠正时,必须要注意像元值的内插重采样。一般情况下较理想的方法是最近邻法,因为该法运算速度很快,既节省机时和费用,又有光谱信息不变的特点,且精度能满足工程的要求。

3.2.1.2　解译标志建立

首先在室内通过对已知地物、已有的大中比例尺土地类型图和土地利用图、地貌图、地形图及奥维电子地图上的高分辨率遥感影像,与对应的同一地区的高分一号、高分二号卫星影像进行对比分析,找出各类地物相应的影像特征及其分布规律。以此作为解译依据在室内对典型地区样片做预判读。判读结果到野外进行验证、修改和补充,在此基础上建立全区各类地物的解译标志,作为室内交互解译的重要依据。

解译时必须运用地学相关分析方法,综合影像的色调、亮度、饱和度、形状、纹理和结构等特征,结合已有资料和野外工作经验知识判定地物类型。由于高分卫星影像能够清晰地反映中尺度地貌类型,小尺度地貌类型如河谷、冲谷、冲积扇、河滩地等通过对比分析都可以解译出来,而土地利用类型在很大程度上是由地貌类型决定的,所以地貌类型是土地利用类型解译最直接明显的标志之一。由于土地是人类的劳动对象之一,社会经济发展特征影响着土地的利用方式,在解译时充分考虑不同地区的土地利用方式又可以为解译提供间接解译标志。

3.2.1.3　影像人工解译

目视解译过程是指利用图像的影像特征(色调或色彩,即波谱特征)和空间特征(形状、大小、阴影、纹理、结构、位置和布局),与多种非遥感信息资料(如地形图、土壤图和调查报告、植被图等)组合,联系农事和生物地学相关规律,进行由此及彼、由表及里、去伪存真的综合分析和逻辑推理的思维过程。人机交互解译时还可以根据不同的判读目标特征对模糊的弱信息进行一些基本的信息增强处理,以便于解译判读;另外,一人解译成果可由另一人进行检查验证,这种由多人多时的解译操作可使不同人员的认识逐渐统一,使人为主观性降低。解译标志是相对于标准影像而建立的,具有相对性。在应用中不能一概而论,应根据实际情况灵活运用。

3.2.1.4　成果质量检查

1. 精度检查

(1)采取两级质量检验(内部和外部)确保土地利用监测结果的质量。内部质量检验是土地利用分类的环节之一,主要通过高分二号卫星遥感影像作为参考数据在重点区域开展真实性检验。外部质量检验主要是开展野外实地调查,重点检验变化较大及土地利用类型复杂多样的区域。

(2)使用误差矩阵(Error matrix)作为评价指标,具体包括总体精度、使用者精度、生产者精度、Kappa 系数、错分误差和漏分误差。计算方法如下:

$$\text{总体精度}: O = \frac{\sum_{k=1}^{q} n_{kk}}{n} \qquad \text{使用者精度}: U_k = \frac{n_{kk}}{n_{k+}}$$

$$\text{生产者精度}: P_k = \frac{n_{kk}}{n_{+k}} \qquad \text{Kappa} = \frac{n \sum_{k=1}^{q} n_{kk} - \sum_{k=1}^{q} n_{k+} n_{+k}}{n^2 - \sum_{k=1}^{q} n_{k+} n_{+k}}$$

式中:N 为参考数据中总的像元数量;n_{kk} 为 k 类型正确分类的像元数量;Q 为土地覆被类型的总数;n_{k+} 为待检验土地覆被遥感产品中 k 类型的总像元数量;n_{+k} 为参考数据中 k 类型的总像元数量。

（3）外部检验的野外调查主要根据土地利用变化强度确定,现场调查 2011—2017 年土地利用变化较大的区域。

土地覆被真实性检验流程见图 3-6。

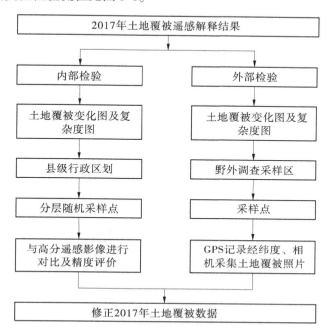

图 3-6　土地覆被真实性检验流程

2. 质量检查

1）两级检查一级验收制

为保证数字线划图数据库成果的质量,作业员要严格按照技术要求作业,对作业成果进行自查;检查人员对每一工序成果实行过程检查,最终成果还要进行最终检查,两级检查均为 100%的全面检查。数据成果经最终检查合格后进行验收。

2）文件名及数据格式检查

检查文件名命名格式与名称的正确性;检查数据格式、数据组织是否符合规定。

3）数学基础的检查

检查采纳的空间定位系统的正确性。

4）接边精度的检查

检查接边处图斑是否有重叠、缝隙,接边图斑的一、二、三级地类是否一致等。

5）属性精度的检查

（1）检查各个层的名称是否正确,是否有漏层。

（2）逐层检查各属性表中的属性项类型、长度、顺序等是否正确,有无遗漏。

（3）利用遥感影像图与解译要素、外业查勘点及属性信息套合方式分别检查一、二、三级地类赋值的正确性。

6）图斑精度的检查

进行拓扑错误检查,在 ArcGIS 中制定检查规则（图斑间重叠错误、图斑间缝隙错误),对图斑进行检查,针对错误进行逐个修改。

3.2.2　土地覆被变化检测及分析

土地覆被变化检测及分析方法可采用基于深度学习的遥感智能识别系统和传统方法。

3.2.2.1　基于深度学习的智能检测分析方法

1. 智能解译结构

智能解译系统(见图 3-7)是由深度学习的 PyTorch 分布式计算实现和构成的,其中分为两部分内容:第一为地物分类智能提取模块,第二为结果显示及优化。

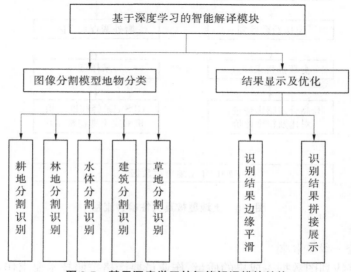

图 3-7　基于深度学习的智能解译模块结构

该模块包含了 unet 网络模型分类识别分割功能和对于识别结果显示及优化功能,其中分类分割包括了耕地分割识别功能、林地分割识别功能、水面分割识别功能、建筑分割识别功能和草地分割识别功能,而结果显示及优化包含了识别结果边缘平滑处理功能和识别结果拼接展示功能。

2. 技术架构

系统后端进行深度学习框架的搭建、遥感数据适用于深度学习模型的接口改造以及深度神经网络训练模型,见图 3-8。搭建基于 PyTroch 1. 9. 0 的分布式深度学习框架,PyTorch 中通过 torch. distributed 包提供分布式支持,包括 GPU 和 CPU 的分布式训练支持。PyTorch 分布式目前只支持 Linux。在此基础上,研发样本库与深度神经网络模型的数据接口,分别对面向实例分割、语义分割的卷积深度神经网络模型,进行模型设置、参数调优和模型训练。

3. 关键技术

1)PyTorch

PyTorch 是一个开源的 PyThon 机器学习库,基于 Torch,用于自然语言处理等应用程序。

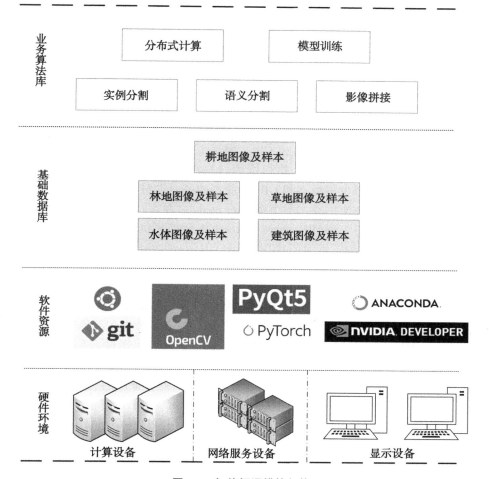

图 3-8　智能解译模块架构

2017 年 1 月,由 Facebook 人工智能研究院(FAIR)基于 Torch 推出了 PyTorch。它是一个基于 PyThon 的可续计算包,提供两个高级功能:①具有强大的 GPU 加速的张量计算(如 NumPy)。②包含自动求导系统的深度神经网络。PyTorch 是相当简洁且高效快速的框架,设计追求最少的封装,设计符合人类思维,它让用户尽可能地专注于实现自己的想法,并且与 Google 的 Tensorflow 类似,FAIR 的支持足以确保 PyTorch 获得持续的开发更新。

2) torch. distributed 包

PyTorch 中通过 torch. distributed 包提供分布式支持,包括 GPU 和 CPU 的分布式训练支持。PyTorch 分布式目前只支持 Linux。在此之前,torch. nn. DataParallel 已经提供数据并行的支持,但是不支持多机分布式训练,且底层实现相较于 distributed 的接口,有些许不足。

torch. distributed 的优势如下:

(1)每个进程对应一个独立的训练过程,且只对梯度等少量数据进行信息交换。

(2)在每次迭代中,每个进程具有自己的 optimizer,并独立完成所有的优化步骤,进程内与一般的训练无异。

（3）在各进程梯度计算完成之后，各进程需要将梯度进行汇总平均，然后由 rank = 0 的进程，将其 broadcast 到所有进程。之后，各进程用该梯度来更新参数。

（4）由于各进程中的模型，初始参数一致（初始时刻进行一次 broadcast），而每次用于更新参数的梯度也一致，因此各进程的模型参数始终保持一致。

（5）而在 DataParallel 中，全程维护一个 optimizer，对各 GPU 上梯度进行求和，而在主 GPU 进行参数更新，之后再将模型参数 broadcast 到其他 GPU。

（6）相较于 DataParallel，torch. distributed 传输的数据量更少，因此速度更快，效率更高。

（7）每个进程包含独立的解释器和 GIL。由于每个进程拥有独立的解释器和 GIL，消除了来自单个 Python 进程中的多个执行线程，模型副本或 GPU 的额外解释器开销和 GIL-thrashing ，因此可以减少解释器和 GIL 的使用冲突。这对于严重依赖 Python runtime 的 models（比如说包含 RNN 层或大量小组件的 models）而言，这尤为重要。

（8）RingAllReduce VS TreeAllReduce。Pytorch 1. x 的多机多卡计算模型并没有采用主流的 Parameter Server 结构，而是直接用了 Uber Horovod 的形式，也是百度开源的 RingAllReduce 算法。

3）U-Net 神经网络模型

在本书中所使用的 U-Net 模型为经典模型，主要处理影像中地物特征较为简单的情况下的地物分类计算。U-Net 模型的主要思路是先经过若干个卷积和池化操作得到分辨率较低的高维特征图，接着用连续的层来补充通常的收缩网络，通过一系列反卷积代替池化进行多次上采样操作生成与原有收缩阶段逐级对应的特征图，最后输出与输入影像分辨率相同的语义分割结果。模型在上采样部分包含大量的特征通道，这些通道允许网络将上下文信息传播到更高分辨率的层。同时，为了进行定位，将压缩路径的高分辨率特征与上采样输出相结合，然后连续的卷积层可以学习如何根据这些信息得到更精确的输出。由于扩展路径与收缩路径或多或少是对称的，产生一个 U 形架构。

U-Net 模型主要由收缩路径（左侧）和扩展路径（右侧）组成，遵循卷积网络的典型架构。收缩路径中每一步都包括重复应用两个带有 ReLU（Rectified Linear Units，修正线性单元）激活函数的 3×3 卷积和一个步长为 2 的 2×2 最大池化操作进行下采样，在每个下采样步骤中，特征通道的数量加倍，特征映射尺寸减半。扩展路径中的每一步都将执行对特征映射上采样、特征通道数量减半的 2×2 反卷积操作，然后与收缩路径中相应级别的特征映射进行合并，接着执行两个带有 ReLU 层的 3×3 卷积操作。

UNet 模型代码实现：

```
class Decoder( nn. Module) :
    def __init__( self, in_channels, middle_channels, out_channels) :
        super( Decoder, self) . __init__( )
        self. up = nn. ConvTranspose2d( in_channels, out_channels, kernel_size = 2, stride
= 2)
        self. conv_relu = nn. Sequential(
            nn. Conv2d( middle_channels, out_channels, kernel_size = 3, padding = 1) ,
            nn. ReLU( inplace = True)
            )
```

```python
    def forward(self, x1, x2):
        x1 = self.up(x1)
        x1 = torch.cat((x1, x2), dim=1)
        x1 = self.conv_relu(x1)
        return x1


class Unet(nn.Module):
    def __init__(self, n_class):
        super().__init__()


        self.base_model = torchvision.models.resnet18(True)
        self.base_layers = list(self.base_model.children())
        self.layer1 = nn.Sequential(
            nn.Conv2d(1, 64, kernel_size=(7, 7), stride=(2, 2), padding=(3,
3), bias=False),
            self.base_layers[1],
            self.base_layers[2])
        self.layer2 = nn.Sequential(*self.base_layers[3:5])
        self.layer3 = self.base_layers[5]
        self.layer4 = self.base_layers[6]
        self.layer5 = self.base_layers[7]
        self.decode4 = Decoder(512, 256+256, 256)
        self.decode3 = Decoder(256, 256+128, 256)
        self.decode2 = Decoder(256, 128+64, 128)
        self.decode1 = Decoder(128, 64+64, 64)
        self.decode0 = nn.Sequential(
            nn.Upsample(scale_factor=2, mode='bilinear', align_corners=True),
            nn.Conv2d(64, 32, kernel_size=3, padding=1, bias=False),
            nn.Conv2d(32, 64, kernel_size=3, padding=1, bias=False)
            )
        self.conv_last = nn.Conv2d(64, n_class, 1)


    def forward(self, input):
        e1 = self.layer1(input) # 64,128,128
        e2 = self.layer2(e1) # 64,64,64
        e3 = self.layer3(e2) # 128,32,32
        e4 = self.layer4(e3) # 256,16,16
        f = self.layer5(e4) # 512,8,8
        d4 = self.decode4(f, e4) # 256,16,16
```

```
d3 = self. decode3(d4, e3) # 256,32,32
d2 = self. decode2(d3, e2) # 128,64,64
d1 = self. decode1(d2, e1) # 64,128,128
d0 = self. decode0(d1) # 64,256,256
out = self. conv_last(d0) # 1,256,256
return out
```

4)Deeplab v3+神经网络模型

Deeplab v3+是 Google 提出的 DeepLab 系列的第 4 个神经网络模型,是属于典型的 DilatedFCN 结构,主要是通过空洞卷积(Atrous Convolution)来减少下采样率,又可以保证感受野,那么最终的特征图不仅语义丰富而且相对精细,可以直接通过插值恢复原始分辨率。

在 Deeplab v3 中,特征图被直接双线性插值上采样 16 倍变为与输入图像相同大小的图像,这种方法无法获得分割目标的细节。因此,Deeplab v3+提出了一种 decoder 方法,encoder features 来自于 Deeplab v3(output_stride = 16)。encoder features 首先双线性插值上采样 4 倍,然后与网络中产生的空间分辨率相同的低层特征 concate。在 concate 之前,先让低层特征通过一个 1×1 的卷积核以将 channel 减少到 256。concate 之后,通过几个 3×3 卷积来重新定义特征,紧接着双线性插值上采样 4 倍。

空洞卷积(Atrous Convolution)是 DeepLab 模型的关键之一,它可以在不改变特征图大小的同时控制感受野,这有利于提取多尺度信息。其中,rate(r)控制着感受野的大小,r 越大感受野越大。通常的 CNN 分类网络的 output_stride = 32,若希望 DilatedFCN 的 output_stride = 16,只需要将最后一个下采样层的 stride 设置为 1,并且后面所有卷积层的 r 设置为 2,保证感受野没有发生变化。对于 output_stride = 8,需要将最后的两个下采样层的 stride 改为 1,并且后面对应的卷积层的 rate 分别设为 2 和 4。另外一点,DeepLabv3 中提到了采用 multi-grid 方法,针对 ResNet 网络,最后的 3 个级联 block 采用不同 rate,若 output_stride = 16 且 multi_grid = (1, 2, 4),那么最后的 3 个 block 的 rate= 2 · (1, 2, 4) = (2, 4, 8)。

空间金字塔池化(ASPP),在 DeepLab 中,采用空间金字塔池化模块来进一步提取多尺度信息,这里是采用不同 rate 的空洞卷积来实现这一点的。ASPP 模块主要包含以下几个部分:① 一个 1×1 卷积层,以及三个 3×3 的空洞卷积,对于 output_stride = 16,其 rate 为(6, 12, 18),若 output_stride = 8,rate 加倍(这些卷积层的输出 channel 数均为 256,并且含有 BN 层);②一个全局平均池化层得到 image-level 特征,然后送入 1×1 卷积层(输出 256 个 channel),并双线性插值到原始大小;③将①和②得到的 4 个不同尺度的特征在 channel 维度 concat 在一起,然后送入 1×1 的卷积进行融合并得到 256-channel 的新特征。

改进的 Xception 模型,DeepLabv3 所采用的 backbone 是 ResNet 网络,v3+模型尝试了改进的 Xception,Xception 网络主要采用 depthwise separable convolution,这使得 Xception 计算量更小。改进的 Xception 主要体现在以下几点:①参考 MSRA 的修改(Deformable Convolutional Networks),增加了更多的层;②所有的最大池化层使用 stride = 2 的 depthwise separable convolutions 替换,这样可以改成空洞卷积;③与 MobileNet 类似,在 3×3 depthwise convolution 后增加 BN 和 ReLU。

采用改进的 Xception 网络作为 backbone,DeepLab 网络分割效果上有一定的提升。作者还尝试了在 ASPP 中加入 depthwise separable convolution,发现在基本不影响模型效果的前提下减少计算量。

3.2.2.2　基于传统方法的变化检测及分析

1. 生态环境变化总体情况

以人工目视解译后的 2011 年和 2017 年高分一号影像数据为基础资料,利用 ArcGIS 分别制作两个时期的景观图,并对各生态环境类型进行统计分析,研究各生态环境的动态变化情况。

2. 生态环境变化转移矩阵

为了确定 7 年来各生态环境类型相互转换情况(包括转换面积、方向以及发生转换的空间位置),运用 GIS 的空间叠加分析方法,提取各类生态环境相互转化数据,据此建立生态环境类型转移矩阵和编制生态环境类型转换图。

结合已有的 2011 年研究区土地利用数据,通过和 2017 年土地利用数据的对比分析,从面积和空间分布两个方面反映研究区土地利用类型的变化,通过构建转移矩阵反映土地利用类型间的转化。

1)构建土地利用变化转移矩阵

土地利用变化转移矩阵可用于定量分析系统状态及其转移状态,本研究根据黑河中下游地区 2011—2017 年土地利用情况构建土地利用变化转移矩阵,如表 3-7 所示,P_{ij} 在转移矩阵的对角线上,表示 $T_1 \sim T_2$ 时段内土地类型 j 未发生变化的面积;P_{ij} 在转移矩阵的非对角线上,表示土地利用变化面积。

表 3-7　黑河中下游 2011—2017 年土地利用变化转移矩阵　　　　单位:km²

项目		2017 年土地利用类型(T_2)						总计	减少(转出)
		耕地	草地	林地	水域	城镇用地	未利用土地		
2011 年土地利用类型(T_1)	耕地	P_{11}	P_{12}	P_{13}	P_{14}	P_{15}	P_{16}	P_{1+}	$P_{1+}-P_{11}$
	草地	P_{21}	P_{22}	P_{23}	P_{24}	P_{25}	P_{26}	P_{2+}	$P_{2+}-P_{22}$
	林地	P_{31}	P_{32}	P_{33}	P_{34}	P_{35}	P_{36}	P_{3+}	$P_{3+}-P_{33}$
	水域	P_{41}	P_{42}	P_{43}	P_{44}	P_{45}	P_{46}	P_{4+}	$P_{4+}-P_{44}$
	城镇用地	P_{51}	P_{52}	P_{53}	P_{54}	P_{55}	P_{56}	P_{5+}	$P_{5+}-P_{55}$
	未利用土地	P_{61}	P_{62}	P_{63}	P_{64}	P_{65}	P_{66}	P_{6+}	$P_{6+}-P_{66}$
总计		P_{+1}	P_{+2}	P_{+3}	P_{+4}	P_{+5}	P_{+6}		
增加(转入)		$P_{+1}-P_{11}$	$P_{+2}-P_{22}$	$P_{+3}-P_{33}$	$P_{+4}-P_{44}$	$P_{+5}-P_{55}$	$P_{+6}-P_{66}$		

2)土地利用变化情况分析

分别统计分析黑河流域中下游 2000—2011 年、2011—2017 年两个时段各类型土地的变化情况,以及各类型土地类型之间的转化情况,尤其是两个阶段间耕地与林、草、水域滩地间相互转化情况。

3.2.2.3　景观指标选取

景观指标能够高度浓缩景观格局的空间信息,反映其结构组成和空间配置的某方面特征。研究中利用美国俄勒冈州立大学森林科学系开发的景观指标计算软件 FRAGSTATS 计算景观格局指标。本书中景观变化分析将在类型水平和景观水平两个尺度上进行。在类型水平上选用了拼块类型面积 CA、斑块类型百分比 PLAND、斑块个数 NP、斑块密度 PD、最大斑块指数 LPI、周长-面积分维数 PAFRAC、聚集度 AI、散布与并列指数 IJI、斑块结合度指数 COHESION 等 9 个指标;在景观水平上选用了斑块个数 NP、斑块平均面积 AREA_MN、最大斑块指数 LPI、景观形状指数 LSI、周长-面积分维数 PAFRAC、聚集度 AI、蔓延度指数 CONT-AG、香农多样性指数 SHDI、香农均匀指数 SHEI 等 9 个指标,详情如下。

1. 拼块类型面积 CA

CA 等于某一斑块类型中所有斑块的面积之和(m^2),除以 10 000 后转化为公顷(hm^2);即某斑块类型的总面积。

CA 度量的是景观的组分,也是计算其他指标的基础。它有很重要的生态意义,其值的大小制约着以此类型斑块作为聚居地(Habitation)的物种的丰度、数量、食物链及其次生种的繁殖等,如许多生物对其聚居地最小面积的需求是其生存的条件之一;不同类型面积的大小能够反映出其间物种、能量和养分等信息流的差异,一般来说,一个斑块中能量和矿物养分的总量与其面积成正比;为了理解和管理景观,我们往往需要了解斑块的面积大小,如所需要的斑块最小面积和最佳面积是极其重要的两个数据。

2. 斑块面积百分比 PLAND

斑块面积百分比,有的也叫斑块面积比例,即各种类型地类占总面积的比例,面积最大的为主要景观。

$$PLAND = \frac{\sum_{j=1}^{n} a_{ij}}{A} \times 100\% \tag{3-1}$$

式中:a_{ij} 为第 i 类景观类型中第 j 个斑块的面积,m^2;A 为景观的总面积,hm^2,斑块面积百分比值接近于零时,表明景观中该斑块类型减少,比值等于 100 时则表示整个景观中只由 1 类斑块构成,其值趋于 0 时,说明景观中此斑块类型变得十分稀少。

生态意义:PLAND 度量的是景观的组分,它在斑块级别上与斑块相似度指标(LSIM)的意义相同。由于它计算的是某一斑块类型占整个景观的面积的相对比例,因而是帮助我们确定景观中模地(Matrix)或优势景观元素的依据之一,也是决定景观中的生物多样性、优势种和数量等生态系统指标的重要因素。

3. 斑块个数 NP

$$NP = n \tag{3-2}$$

式中:NP 为在类型级别上等于景观中某一斑块类型的斑块总个数;在景观级别上等于景观中所有的斑块总数,范围:NP ≥ 1。

生态意义:NP 反映景观的空间格局,经常被用来描述整个景观的异质性,其值的大小与景观的破碎度也有很好的正相关性,一般规律是 NP 大,破碎度高;NP 小,破碎度低。NP 对许多生态过程都有影响,如可以决定景观中各种物种及其次生种的空间分布特征;改变物种间相互作用和协同共生的稳定性。而且,NP 对景观中各种干扰的蔓延程度有重要的影响,当某类斑块数目多且比较分散时,则对某些干扰的蔓延(虫灾、火灾等)有抑制作用。

4. 斑块密度 PD

斑块密度(PD)表现某种斑块在景观中的密度,可反映出景观整体的异质性与破碎度以及某一类型的破碎化程度,反映景观单位面积上的异质性,公式为

$$PD = NP/A \tag{3-3}$$

式中:NP 为斑块数量,个;A 为景观或斑块的总面积,hm^2;PD 为斑块密度,个/hm^2。

5. 最大斑块指数 LPI

最大斑块所占景观面积的比例(LPI):

$$LPI = \frac{a_{\max}}{A} \times 100\% \tag{3-4}$$

式中:LPI 等于某一斑块类型中的最大斑块占据整个景观面积的比例,范围为 0<LPI≤100%。

生态意义:有助于确定景观的模地或优势类型等。其值的大小决定着景观中的优势种、内部种的丰度等生态特征;其值的变化可以改变干扰的强度和频率,反映人类活动的方向和强弱。

6. 周长-面积分维数 PAFRAC

PAFRAC 反映了不同空间尺度形状的复杂性。分维数取值范围一般应为 1~2,其值越接近 1,则斑块的形状就越有规律,或者说斑块就越简单,表明受人为干扰的程度越大;反之,其值越接近 2,斑块形状就越复杂,受人为干扰程度就越小。

$$PAFRAC = \cfrac{2}{\cfrac{N \sum\limits_{i=1}^{m} \sum\limits_{j=1}^{n} (\ln p_{ij} \times \ln a_{ij}) - \sum\limits_{i=1}^{m} \sum\limits_{j=1}^{n} \ln p_{ij} \times \sum\limits_{i=1}^{m} \sum\limits_{j=1}^{n} \ln a_{ij}}{N \sum\limits_{i=1}^{m} \sum\limits_{j=1}^{n} \ln p_{ij}^2 - \sum\limits_{i=1}^{m} \sum\limits_{j=1}^{n} \ln p_{ij}}} \tag{3-5}$$

式中:a_{ij} 为斑块(i,j)的面积;p_{ij} 为斑块(i,j)的周长;$n(i)$为斑块数目。

7. 聚集度 AI

$$AI = \left[\frac{g_{ii}}{\max \rightarrow g_{ii}} \right] \times 100\% \tag{3-6}$$

式中:g_{ii} 为相应景观类型的相似邻接斑块数量。

AI 基于同类型斑块像元间公共边界长度来计算。当某类型中所有像元间不存在公共边界时,该类型的聚合程度最低而当类型中所有像元间存在的公共边界达到最大值时,具有最大的聚合指数。

8. 散布与并列指数 IJI

IJI 在斑块类型级别上等于与某斑块类型 i 相邻的各斑块类型的邻接边长除以斑块 i 的总边长再乘以该值的自然对数之后的和的负值,除以斑块类型数减 1 的自然对数,最后乘以 100 是为了转化为百分比的形式;IJI 在景观级别上计算各个斑块类型间的总体散布与并列状况。IJI 取值小时表明斑块类型 i 仅与少数几种其他类型相邻接;IJI = 100 表明各斑块间比邻的边长是均等的,即各斑块间的比邻概率是均等的。

生态意义:IJI 是描述景观空间格局最重要的指标之一。IJI 对那些受到某种自然条

件严重制约的生态系统的分布特征反映显著,如山区的各种生态系统严重受到垂直地带性的作用,其分布多呈环状,IJI 值一般较低;而干旱区中的许多过渡植被类型受制于水的分布与多寡,彼此邻近,IJI 值一般较高。

9. 斑块结合度指数 COHESION

聚集度(CLUMPY)反映斑块在景观中的聚集和分散状态,数值为-1~1,当指数结果为-1 时斑块为完全分散型状态,结果为 0 时呈随机分布,结果为 1 时为聚集状分布。

$$COHESION = \left[1 - \frac{\sum\limits_{j=1}^{m} p_{ij}}{\sum\limits_{j=1}^{m} p_{ij} \sqrt{a_{ij}}} \right] \left[1 - \frac{1}{\sqrt{A}} \right]^{-1} \times 100\% \qquad (3-7)$$

式中:a_{ij} 为第 i 类景观中第 j 个斑块的面积,m^2;p_{ij} 为第 i 类景观中第 j 个斑块的周长,m;A 为该景观的总面积,hm^2。

10. 蔓延度指数 CONTAG

$$CONTAG = \left[1 + \frac{\sum\limits_{i=1}^{m} \sum\limits_{i=1}^{m} \left[\left(P_i \frac{g_{ik}}{\sum\limits_{i=1}^{m} g_{ik}} \right) \right] \left[\ln (P_i) \left(\frac{g_{ik}}{\sum\limits_{k=1}^{m} g_{ik}} \right) \right]}{2\ln m} \right] \times 100\% \qquad (3-8)$$

式中:P_i 为 i 类型斑块所占面积百分比;g_{ik} 为 i 类型斑块和 k 类型斑块毗邻的数目;m 为景观种的板块类型总数目。

公式描述:CONTAG 等于景观中各斑块类型所占景观面积乘以各斑块类型之间相邻的格网单元数目占总相邻的格网单元数目的比例,乘以该值的自然对数之后的各斑块类型之和,除以 2 倍的斑块类型总数的自然对数,其值加 1 后再转化为百分比的形式。理论上,CONTAG 值较小时,表明景观中存在许多小斑块;趋于 100 时,表明景观中有连通度极高的优势斑块类型存在。

生态学意义:CONTAG 指标描述的是景观里不同斑块类型的团聚程度或延展趋势。由于该指标包含空间信息,是描述景观格局的最重要的指数之一。一般来说,高蔓延度值说明景观中的某种优势斑块类型形成了良好的连接性;反之则表明景观是具有多种要素的密集格局,景观的破碎化程度较高。而且研究发现,蔓延度和优势度这两个指标的最大值出现在同一个景观样区。该指标在景观生态学和生态学中运用十分广泛。

11. 香农多样性指数 SHDI

$$SHDI = - \sum_{i=1}^{m} (p_i \ln p_i) \qquad (3-9)$$

SHDI 是一种基于信息理论的测量指数,在生态学中应用很广泛。该指标能反映景观异质性,特别对景观中各拼块类型非均衡分布状况较为敏感,即强调稀有拼块类型对信息的贡献,这也是与其他多样性指数不同之处。在比较和分析不同景观或同一景观不同时期的多样性与异质性变化时,SHDI 也是一个敏感指标。如在一个景观系统中,土地利用越丰富,破碎化程度越高,其不定性的信息含量也越大,计算出的 SHDI 值也就越高。景观生态学中的多样性与生态学中的物种多样性有紧密的联系,但并不是简单的正比关系,研究发现在一景观中两者的关系一般呈正态分布。

12. 香农均匀指数 SHEI

$$\text{SHEI} = \frac{-\sum_{i=1}^{m}(P_i \times \ln P_i)}{\ln m} \quad (0 \leqslant \text{SHEI} \leqslant 1) \tag{3-10}$$

SHEI 等于香农多样性指数除以给定景观丰度下的最大可能多样性(各拼块类型均等分布)。其中:m 是指景观中斑块类型的总数,P_i 是指斑块类型 i 占整个景观的面积比,当指数值为 0 时代表景观中不存在多样性,值为 1 时是指景观中不同斑块类型所占总体面积比一致,呈现完全均匀状态,在范围内指数值越大,代表景观中不同斑块类型所占面积比越接近,均匀程度越高,即 SHEI 值越小则景观中可能存在优势斑块类型支配该景观,值越大接近于 1 时表明景观中斑块类型分布均匀不存在明显的优势类型。

SHEI=0 表明景观仅由一种拼块组成,无多样性;SHEI=1 表明各拼块类型均匀分布,有最大多样性。

生态意义:SHEI 与 SHDI 指数一样也是我们比较不同景观或同一景观不同时期多样性变化的一个有力手段。而且,SHEI 与优势度指标(Dominance)之间可以相互转换(evenness=1-dominance),即 SHEI 值较小时优势度一般较高,可以反映出景观受到一种或少数几种优势拼块类型所支配;SHEI 趋近 1 时优势度低,说明景观中没有明显的优势类型且各拼块类型在景观中均匀分布。

其他常见的景观指数包括以下几种。

1)景观多样性指数

多样性指数是指景观元素或生态系统在结构、功能以及随时间变化方面的多样性,它反映了景观类型的丰富度和复杂度。

2)景观优势度指数

景观的优势度与多样性指数成反比,对于景观类型数目相同的不同景观,多样性指数越大,其优势度越小。

3)景观均匀度指数

均匀度和优势度一样,是描述景观由少数几个主要景观类型控制的程度。

4)景观破碎化指数

破碎度表征景观被分割的破碎程度,反映景观空间结构的复杂性,在一定程度上反映了人类对景观的干扰程度。它是自然或人为干扰所导致的景观由单一、均质和连续的整体趋向于复杂、异质和不连续的斑块镶嵌体的过程,景观破碎化是生物多样性丧失的重要原因之一,它与自然资源保护密切相关。

5)景观聚集度指数

景观聚集度指数计算公式为

$$\text{RC} = 1 - C/C_{\max} \tag{3-11}$$

式中:RC 为聚集度指数,取值范围为 0~1;C 为复杂性指数;$C_{\max}$ 为 C 的最大可能取值。

RC 的取值越大,则代表景观由少数团聚的大斑块组成,RC 的取值越小,则代表景观由许多小斑块组成。

6）景观分维度指数

景观分维度指数计算公式为

$$D = 2\ln(P/4)/\ln A \tag{3-12}$$

式中：D 为分维数；P 为斑块周长；A 为斑块面积。

D 值越大，表明斑块形状越复杂，D 值的理论范围为 $1.0 \sim 2.0$，1.0 代表形状最简单的正方形斑块，2.0 表示等面积下周边最复杂的斑块。

7）景观干扰度和自然度指数

干扰强度表示人类的干扰作用，干扰强度越小，越利于生物的生存，因此其针对受体的生态意义越大。景观干扰度和自然度指数计算公式为

$$W_i = L_i/S_i; N_i = 1/W_i \tag{3-13}$$

式中：W_i 为受干扰强度；L_i 是指 i 类生态系统内廊道（公路、铁路、堤坝、沟渠）的总长度；S_i 是指 i 类生态系统的总面积；N_i 是 i 类生态系统类型的自然度。

3.2.3 植被指数和覆盖度变化分析

3.2.3.1 植被指数简介

植被指数能够作为植被长势的表征量，对于生物量的估算具有重要的意义。自 Jordan 于 1969 年提出比值植被指数（RVI）以来至今，已经发展了数十种植被指数。常见的植被指数介绍如下。

1. 宽带绿度—Broadband Greenness（包含 4 种）

宽带绿度指数可以简单度量绿色植被的数量和生长状况，它对植物的叶绿素含量、叶子表面冠层、冠层结构比较敏感，这些都是植被光合作用的主要物质，与光合有效辐射（fAPAR）也有关系。宽带绿度指数常用于植被物候发育的研究、土地利用和气候影响评估、植被生产力建模等。

宽带绿度指数选择的波段范围在可见光和近红外，一般的多光谱都包含这些波段。下面的公式中规定波段的中心波长：NIR = 800 nm，RED = 680 nm，BLUE = 450 nm。

1）归一化植被指数（Normalized Difference Vegetation Index，NDVI）

NDVI 是众所周知的一种植被指数，在 LAI 值很高，即植被茂密时其灵敏度会降低。其计算公式为

$$NDVI = \frac{NIR - Red}{NIR + Red} \tag{3-14}$$

NDVI 值的范围是 $-1 \sim 1$，一般绿色植被区的范围是 $0.2 \sim 0.8$。

2）比值植被指数（Simple Ratio Index，SR）

SR 指数也是众所周知的一种植被指数，在 LAI 值很高，即植被茂密时其灵敏度会降低。其计算公式为

$$SR = \frac{NIR}{Red} \tag{3-15}$$

SR 值的范围是 $0 \sim 30$，一般绿色植被区的范围是 $2 \sim 8$。

3）增强植被指数（Enhanced Vegetation Index，EVI）

EVI 通过加入蓝色波段以增强植被信号，矫正土壤背景和气溶胶散射的影响。EVI 常用于 LAI 值高，即植被茂密区。其计算公式为

$$EVI = 2.5 \times \frac{NIR - Red}{NIR + 6Red - 7.5Blue + 1} \tag{3-16}$$

EVI 值的范围是 −1~1，一般绿色植被区的范围是 0.2~0.8。

4）大气阻抗植被指数（Atmospherically Resistant Vegetation Index，ARVI）

ARVI 是 NDVI 的改进，它使用蓝色波段矫正大气散射的影响（如气溶胶），ARVI 常用于大气气溶胶浓度很高的区域，如烟尘污染的热带地区或原始刀耕火种地区。其计算公式为

$$ARVI = 2.5 \times \frac{NIR - 2Red + Blue}{NIR + 2Red - Blue} \tag{3-17}$$

ARVI 值的范围是 −1~1，一般绿色植被区的范围是 0.2~0.8。

2. 窄带绿度——Narrowband Greenness（包含 4 种）

窄带绿度指数对叶绿素含量、叶子表面冠层、叶聚丛、冠层结构非常敏感。它使用了红色与近红外区域部分——红边，红边是介于 690~740 nm 的区域，包括吸收与散射。它比宽带绿度指数更加灵敏，特别是对于茂密植被。

1）红边归一化植被指数（Red Edge Normalized Difference Vegetation Index，NDVI 705）

NDVI 705 是 NDVI 的改进型，它对叶冠层的微小变化、林窗片断和衰老非常灵敏。它可用于精细农业、森林监测、植被胁迫性探测等。其计算公式为

$$NDVI\ 705 = \frac{\rho 750 - \rho 705}{\rho 750 + \rho 705} \tag{3-18}$$

NDVI 705 值的范围是 −1~1，一般绿色植被区的范围是 0.2~0.9。

2）改进红边比值植被指数（Modified Red Edge Simple Ratio Index，mSR 705）

mSR 705 改正了叶片的镜面反射效应，它可用于精细农业、森林监测、植被胁迫性探测等。其计算公式为

$$mSR\ 705 = \frac{\rho 750 - \rho 445}{\rho 705 + \rho 445} \tag{3-19}$$

mSR 705 值的范围是 0~30，一般绿色植被区的范围是 2~8。

3）Vogelmann 红边指数 1（Vogelmann Red Edge Index 1——VOG1）

VOG 1 指数对叶绿素浓度、叶冠层和水分含量的综合非常敏感。它可应用于植物物候变化研究、精细农业和植被生产力建模。其计算公式为

$$VOG\ 1 = \frac{\rho 740}{\rho 720} \tag{3-20}$$

VOG 1 值的范围是 0~20，一般绿色植被区的范围是 4~8。

4）红边位置指数（Red Edge Position Index，REP）

REP 指数对植被叶绿素浓度变化、叶绿素浓度增加使得吸收特征变宽及红边向长波段方向移动非常敏感。红边位置在 690~740 nm 范围内急剧倾斜波长范围，一般植被在

700~730nm。

REP 指数的结果输出是在 0.69~0.74 μm 光谱范围内,植被红边区域内的反射率的最大导数的波长。常用于农作物监测和估产,生态系统干扰探测,光合作用模型,和由气候或其他因素产生的冠层胁迫性。

NDVI 在使用遥感图像进行植被研究以及植物物候研究中得到广泛应用,它是植物生长状态以及植被空间分布密度的最佳指示因子,与植被分布密度呈线性相关。试验表明,NDVI 对土壤背景的变化较为敏感。植被指数 NDVI 是单位像元内的植被类型、覆盖形态、生长状况等的综合反映,其大小取决于植被覆盖度 f_c(水平密度)和叶面积指数(LAI:leaf area index)(垂直密度)等要素,从而可以用 NDVI 遥感估算植被覆盖度和叶面积指数。当植被覆盖度小于 15% 时,能将土壤背景与植被区分开;当植被覆盖度为 25%~80% 时,随植被盖度的增大呈线性增加;当植被覆盖度大于 80% 时,检测能力逐步下降。由于 NDVI 对植被盖度的检测幅度较宽,有较好的时相和空间适应性,应用较广。

NDVI 长期以来被用来监测植被变化情况,也是遥感估算植被覆盖度研究中最常用的植被指数。例如:Dymond 等使用 NDVI 植被指数研究新西兰退化草地的植被覆盖度,Wittich 的研究成果肯定了 NDVI 对植被覆盖度的指示作用;Purevdorj 等通过各植被指数与植被覆盖度进行二次多项式回归,表明 TSAVI 和 NDVI 可以最好地估算大范围的草地植被覆盖度。

综上所述,NDVI 在植被指数中占据着非常重要的位置,它主要具有以下几方面的优势:

(1)植被检测灵敏度较高。

(2)植被覆盖度的检测范围较宽。

(3)能消除地形和群落结构的阴影和辐射干扰。

(4)削弱太阳高度角和大气所带来的噪声。

NDVI 是用于监测植被变化的最经典植被指数,有许多学者在研究中都对使用 NDVI 估算植被覆盖度的方法做了检验。

3.2.3.2　植被指数计算处理流程

归一化植被指数(Normalized Difference Vegetation Index,NDVI)又称归一化差异植被指数,是指示植被生长状态、植被覆盖度的最佳因子,能消除部分辐射误差等。NDVI 能反映出植物冠层的背景影响,如土壤、潮湿地面、雪、枯叶、粗糙度等,且与植被覆盖有关。

NDVI 的获取有两种方式:

第一种,下载 MODIS 地表反射率遥感影像,根据归一化植被指数公式计算,如下

$$NDVI = \frac{NIR - R}{NIR + R} \tag{3-21}$$

式中:NIR 为近红外波段的地表反射率;R 为红光波段的地表反射率。

第二种,在 NASA 官方网站下载 MODIS 16 d 植被指数合成产品(MOD13Q1)。

由于第一种方式对遥感影像的质量要求比较高,需要影像上的云量比较少,还需进行去云处理,而第二种方式的官方产品已经进行去云处理,并进行了 16 d NDVI 合成,质量高,因此本书采用第二种方式。

通常采用 NDVI 最大值合成法计算研究区域内每年生长季的 NDVI 最大值。NDVI
最大值合成法就是将多幅相同的栅格图叠加,每个栅格像元值取多幅中最大的那个,最后
合成一幅图像。由于本次研究时间跨度比较大,直接采用 MOD13Q1 数据并不严谨,因此
为了能够提高研究的严谨性与准确度,需要将多天的数据作为样本,合成生长季最大值。
本书采用 ENVI 软件的波段运算(band math)方法对时间序列的 NDVI 波段进行计算,提
取研究区域内每年生长季的 NDVI 最大值。

MODIS 数据处理主要介绍 MODIS 数据投影与裁剪以及最大值合成的过程。

1. 投影与裁剪

常用于数据处理的遥感影像格式为 TIF 格式,而由 NASA 数据下载网站获取的 MO-
DIS 数据为.HDF 格式。黑河干流中下游区域范围可由 MOIS13Q1 多景影像全覆盖。因
此,在对数据进行分析计算之前需要利用 MODIS 数据批处理软件 MRT(MODISRe-projec-
tion Tool)对 MOD13Q1 数据进行拼接、重投影、数据格式转换等数据预处理操作。将影像
投影至 WGS84/WGS84-UTM-49N 平面坐标系,最后运用矢量边界实现影像的空间裁剪
工作,即利用黑河干流中下游边界矢量数据进行裁剪得到空间分辨率为 250 m 的 NDVI
和 EVI 遥感影像数据,并以年 NDVI 作为研究区域植被覆盖的表征。使用黑河干流分布
矢量边界经裁剪得到植被遥感数据。

2. 最大值合成

MODIS 植被指数合成算法有两种,一种是 CV_MVC,另外一种是 MVC。MVC 最大值
合成方法是指从多个栅格影像的处于同一位置的像元值进行统计,并将其最大值提取出
来形成新的影像。采用 MVC 最大值合成方法来进行植被指数的最大值合成,能够最大限
度地消除气溶胶、云污染、水汽蒸散、阴影等造成的影响以及由方向反射、观测角度等带来
的数据误差,故选用年最大值合成(MVC)的方法来得到 NDVI 的年最大值来表示植被的
生长状况。在进行最大值合成之前,查看数据有效值范围以及无效值具体数值,首先使用
IDL 编程实现数据的无效值剔除,即将不属于数据有效值区间的数据进行剔除,然后进行
NDVI 数据归一化处理,最后进行最大值合成。计算公式如下:

$$\text{NDVI}_i = \text{Max}(\text{NDVI}_{ij}) \tag{3-22}$$

式中:NDVI_i 为第 i 月的 NDVI 值;NDVI_{ij} 为第 i 月第 j 旬的 NDVI 值。

对每月 NDVI 取最大值,可进一步消除云、大气、太阳高度角等的部分干扰。

3. 均值法

通过均值法计算年均、季均及区域 NDVI,获得植被的 NDVI 时间序列,具体计算方法
如下。

1)年均 $\overline{\text{NDVI}}_y$

为了反映区域植被覆盖总体基本特征,定义年均 $\overline{\text{NDVI}}_y$ 为

$$\overline{\text{NDVI}}_y = (\sum_{i=1}^{12} \text{NDVI}_i)/12, i = 1,2,\cdots,12 \tag{3-23}$$

式中:$\overline{\text{NDVI}}_y$ 为年均 NDVI;NDVI_i 为第 i 月最大合成 NDVI,i 为月序号。

2)季均 $\overline{\text{NDVI}}_s$

根据气象学上对季节的划分:3—5 月为春季,6—8 月为夏季,9—11 月为秋季,12 月

至翌年 2 月为冬季,以各季节各月 NDVI 累加和的平均值代表各季节平均 NDVI。本书以生长状况最佳的 7 月、8 月作为生长季,定义生长季平均 $\overline{NDVI}_s$:

$$\overline{NDVI}_s = (\sum_{i=7}^{8} NDVI_i)/2, i = 7,8 \tag{3-24}$$

式中:$\overline{NDVI}_s$ 为生长季季均 NDVI;$NDVI_i$ 为第 i 月最大合成 NDVI,i 为月序号。

3.2.3.3　影响植被覆盖的主要因素分析

植被覆盖变化驱动力是指导致研究区植被覆盖变化的各种因素,植被作为自然地理环境的重要组成部分,在自然界中起着特殊的不可替代的作用。影响植被覆盖变化的因素分为自然因素和人为因素两类,自然因素在大环境背景下控制着植被覆盖类型的变化,而人类活动则是在较短时间尺度上影响植被覆盖变化的主要因素。反过来,自然环境对植被的生长和生存起着重要的作用,在不同的自然环境中,植物有机体的生理过程和表现于外部的形态结构以及它的整个生命活动,都受到环境的影响而发生变化。

1. 驱动力机制

植物的正常生长离不开自然环境的影响。植物需要吸收光能、氧气、二氧化碳、水分以及无机盐类等维持正常的生命活动,植物的新陈代谢也会排出一部分物质和能量到自然界中。在这个过程中,植物不仅受到自然环境的影响,也在影响并改变着自然环境。气象因素是影响植被正常生长和发育的重要因素,任何植物的正常生长都需要适宜的热量和水分条件,温度与降水对植被的生长有着最为直接的作用。因此,本书选取与植被生长关系最密切的温度、降水和年径流量 3 个因子作为研究对象,分析它们与植被覆盖的关系,探讨自然因子对植被覆盖变化的影响。

人类的生产活动对植被生长季的影响主要存在两个方面:①人类活动对生长季 NDVI 的增加起到促进的作用,即人类活动的正影响。人类对植被的保护,退耕还林、植树造林、物种引进等都使当地植被覆盖状况好转,改善自然环境。②人类活动对生长季 NDVI 的增加起到抑制的作用,即人类活动的负影响。人类对植被的破坏,砍伐森林、开垦天然草地、过度放牧、城市扩张等使地表植被受到严重的破坏,甚至不少植物种类面临灭亡。同时,地区经济的发展水平也是植被覆盖变化的一个重要反映,当地区的经济迅猛发展时,随着生产规模的加大,必然会利用城乡建设用地扩建厂房,而周边的交通、娱乐等配套设置也会迅速增加,这就使农业用地大量转化为建设用地,所占用的耕地多为城市周边的优质农田,使耕地面积大幅下降,破坏了当地的自然环境,植被覆盖度大幅下降,另外,人口的数量也是影响植被覆盖的重要因素,人口数量的变化决定着资源的需求量,当农业人口不断减少时,弃耕土地可能会增加,使人为植被覆盖可能会减少,而自然植被覆盖可能会增加。因此,本书根据黑河流域的实际情况,基于统计年鉴数据,选取具有综合性和代表性的人口、地区生产总值(GDP)、人均地区生产总值、耕地面积、农民人均纯收入、农业总产值、林业总产值、牧业总产值、大牲畜存栏数、羊存栏数、牛出栏数等因素,分析它们与植被覆盖的关系,探讨人类活动对植被覆盖变化的影响。

2. 自然因素

气候的动态变化可以从气温和降水的年际变化趋势来反映。在西北地区气候由暖干向暖湿转换的背景下,温度与降水对植被的生长有着最为直接的影响作用,为了研究自然因子与植被覆盖变化的关系,更好地探讨自然因子在年际尺度上对植被覆盖度的影响,本书对研究区周边各个气象站点的气温和降水数据分别求≥0 ℃的年积温和年降水量,再加入年径流量数据,分别从上、中、下游分析自然因子对植被覆盖变化的影响。

1)降水对植被覆盖的影响

水分是植被生长的最基本条件,也是引起植被变化的主要指标,一般包括天然降水、地表水和地下水三部分。天然降水和冰川融水是黑河流域水分的主要来源,是影响黑河流域植被覆盖变化的重要因素。因此,降水量的多少和空间分布会对流域内植被的生长和变化产生较大的影响,降水量增大,植被生长所需的水分条件充裕,流域内植被迅速生长,尤其是下游额济纳旗地区的自然植被迅速生长,植被覆盖增加;反之,植被生长受到阻碍,植被覆盖减小。

2)气温对植被覆盖的影响

气温是控制地球表面一切生物物理化学过程的主要因子,气温的变化会使流域内其他的要素发生变化,进而影响植被的生长。首先,温度升高会导致冰川消融、积雪融化,影响流域内的水资源分配,进而影响植被的生长变化。其次,温度过高将会导致蒸散发的增加,使植被对水资源的涵养能力降低,土壤含水量减少,土地沙漠化加快,植被覆盖减小。

植被的生长需要适宜的温度,温度过高、过低都会影响植被的生长,在适宜的温度范围内,植被的生长随温度的升高而加快。≥0 ℃的年积温是影响植被生长的重要因素,其极大程度的影响到植被生长的适宜性。积温过低,达不到植被生长所必需的积温,使植被生长受阻,积温过高,蒸散发强烈,使植被退化。

3)年径流对植被覆盖的影响

年径流量是指一年内通过某一过水断面的水量。年径流量的变化会引起流域内水资源的分配,尤其影响农业用水的分配利用。黑河流域属于干旱区内陆河流域,水源主要来自于祁连山的冰川融水,由于受人为因素的影响,流域内水资源的分配不均匀,因此植被的生长受到水资源分布的严格制约。上游地区为水源涵养区,水资源丰富,植被生长比较茂盛,植被覆盖较高;中游走廊平原区,分布有大面积的人工绿洲,主要以农业植被为主,因此,径流量的多少会直接影响农业植被的生长状况,径流量增加,会使农业植被的灌溉面积增加,使植被生长所需的水分条件充足,进而使植被覆盖升高;中上游地区不合理的、过度地利用水资源,使下游地区水资源比较匮乏,植被的生长受到限制,植被覆盖较低。

3. 人为因素

1)人口数量对植被覆盖的影响

人口作为生产者和消费者,其数量的增加、分布、素质以及人口的迁移等均与流域内的植被覆盖变化有密切的联系,人口数量作为基本的人口要素,在生态环境变化中扮演着重要的角色,是影响生态环境变化最具活力的因素。人口数量的增加是引起土地利用变化最直接的影响因素。首先,人口增加必然会加大对粮食的需求,解决的途径之一便是扩大耕地面积,改变现有的土地利用方式,致使植被覆盖发生变化;其次人口的增加也会刺激建设用地的扩张,尤其在农村,新增的农户往往在异地修建新的住房,从而导致建设用地面积的增加,相反,如果农村人口减少,从而导致弃耕的土地面积增加,植被覆盖结构发生改变;再次,人口向城镇的集聚带动了其他产业的发展,促进了基础设施的改善,推动了城市化进程,进一步加速了土地利用方式的转变。

2)经济发展对植被覆盖的影响

社会经济的发展状况,是判断一个地区发达与否的衡量标准,社会经济活动是区域存在和发展的基础,是人类一项十分重要的活动。经济增长、产业结构调整、城市化及工业化等都是区域生态环境变化的影响因素。人类的社会经济活动会改变产业结构,而产业结构的调整会引起土地利用结构的变化,土地利用结构的变化进一步影响植被覆盖的变化。另外,产业结构的变化还会影响流域内不同土地类型的比例,进而影响植被覆盖。经济的发展水平会直接影响土地利用结构的变化,当经济处于快速发展阶段时,生产规模会扩大,城乡建设用地、交通用地、生活娱乐用地等将会迅速增加,农业用地向非农业用地的转化速度将会加快,城市郊区的植被将会遭到破坏,植被覆盖将会减小;当经济处于停滞或消退阶段时,城市的扩张将会大幅度下降,土地利用结构不会发生很大的变化,植被覆盖也基本保持不变。

3)农业发展对植被覆盖的影响

区域农业活动是影响植被覆盖变化的重要人为因素,合理的农业生产强度,使土地资源可以为人类提供持续的服务,不合理的农业生产强度、农业生产方式及土地资源的利用等,可以导致自然环境破坏,引起土地荒漠化、水土流失、土壤污染等问题,为生态环境带来负面影响,在干旱半干旱地区灌溉农业,采取漫灌溉等不合理的灌溉方式,会导致土壤盐碱化加快。人类合理农业活动的加强,会使流域内人工植被大面积增加,植被覆盖升高。黑河中游走廊平原区主要以农业发展为主,分布有大面积的人工绿洲,如玉米、小麦等,是流域内人工植被集聚的地区。本书基于黑河流域的这一特点和统计年鉴数据的可获得性,选取农业总产值和耕地面积两个指标,分析研究农业发展状况对植被覆盖的影响。农业总产值增加,说明流域内农业活动加剧,农作物的种植面积和规模增大,人工植被增加,植被覆盖会升高;而耕地面积的增加会直接引起植被覆盖的升高,使植被覆盖向良好的方向发生变化。

4)林业发展对植被覆盖的影响

林业是以土地资源为依托对象,培育和保护森林以取得木材和其他林产品,利用林木的自然特性以发挥防护等作用的生产部门。它是国民经济重要组成部分之一,包括造林、育林、护林、森林采伐和更新、木材和其他林产品的采集和加工等。林业活动的加强、林业的发展,会影响植被覆盖的变化。例如:合理地利用现有的森林资源,有计划地植树造林,扩大森林面积,提高森林覆盖率,除可提供大量国民经济所需的产品外,还可以发挥其保持水土、防风固沙、调节气候、涵养水源、防风固沙、防治污染、净化空气、美化环境、保护环境等生态功效的重要作用。而不合理的林业活动,如过度地滥砍乱伐有限的森林资源,则会使森林植被大面积减小,植被覆盖大幅度降低,土地荒漠化加剧,水土流失严重。

5)牧业发展对植被覆盖的影响

畜牧业是指通过人工饲养畜、禽等动物,使其将牧草和饲料等植物能转变为动物能,以取得肉、蛋、奶、羊毛、山羊绒、皮张等畜产品的生产过程,是人类与自然界进行物质交换的极重要环节,是人类生活不可或缺的一部分。放牧作为一种典型的人为干扰,对草原植被的影响是多方面的,且持久深刻。不同的放牧强度和放牧方式不仅会直接影响植物群落结构和植物多样性程度发生变化,而且会改变地表覆盖状况、草地的形态特征、生产力及草种结构,进而引起草原植被发生演替,导致生态系统结构功能发生改变。适度的放牧有利于动物的生长繁殖和生物多样性程度的提高,同时也有利于草原植被的生长;而过度的放牧则会使生物多样性受到严重的威胁,草地植物群落结构发生变化,优良牧草因丧失竞争和更新能力而逐渐减少,毒杂草比例增加,致使草场退化,大量的草原植被遭到破坏,造成土壤结构发生变化,荒漠化加剧,进而使得生态环境逐渐恶化。

　　6) 政策趋向对植被覆盖的影响

　　黑河流域生态建设与环境保护,不仅事关流域内居民的生存环境和经济发展,而且关系到西北、华北地区的环境质量,是关系民族团结、社会安定、国防稳固的大事。党和政府已经明显地感觉到,保护生态环境,减少资源浪费,提高资源利用率对可持续发展有非常重要的意义,所以我国政府明确提出以科学发展观统领经济社会发展全局,加快建设资源节约型、环境友好型社会,促进人与自然和谐发展。

　　为了维护黑河流域生物多样性,维护区域生态平衡,合理利用有限的水资源,尽量减少人类活动对区域生态带来的破坏,维护区经济社会发展的生态基础,建设西北生态屏障,近年来,特别是 2000 年黑河实施分水政策以来,黑河流域综合治理已引起科学家的广泛关注,并被列为国家西部大开发的重点工程之一,中国科学院及国家基金委先后启动西部行动计划"黑河流域遥感与地面观测同步试验与模拟平台"和"黑河流域生态–水文过程集成研究"等大型科学计划或课题。2000 年 5 月,针对黑河流域生态环境系统日益严峻的恶化局面和突出的水事矛盾,国务院就黑河问题做了重要指示。水利部高度重视,组织黄河水利委员会(简称黄委)等有关单位于 2000 年 12 月完成了《黑河水资源问题及其对策》,2001 年 4 月完成了《黑河流域近期治理规划》,同年 8 月国务院以国函〔2001〕86 号文批复了该规划;2004 年,水利部批复了《黑河流域东风场区近期治理规划》。目前,黑河干流初步实现了水资源的统一管理和调度,有效遏制了流域生态环境恶化趋势。为了进一步加强黑河流域生态环境保护,促进流域经济社会可持续发展,在水利部和黄委的要求下,于 2012 年编制了《黑河流域综合规划》。

3.2.3.4　植被覆盖度遥感监测模型建立

　　植被覆盖度是指植被(包括叶、茎、枝)在地面的垂直投影面积占统计区总面积的百分比,它常被用于衡量植被变化、生态环境研究、水土保持、气候等方面。目前已经发展了很多利用卫星遥感数据估算植被覆盖度的方法,其中较为实用的方法是利用植被指数近似估算植被覆盖度,常用的植被指数为 NDVI。本书使用像元二分法模型计算植被覆盖度。

　　1. 像元二分模型

　　假设一个像元的信息可以分为土壤与植被两部分。通过遥感传感器所观测到的信息 S,就可以表达为由绿色植被成分所贡献的信息 S_V 与由土壤成分所贡献的信息 S_S 这两部分组成。将 S 线性分解为 S_S 与 S_V 两部分:

$$S = S_V + S_S \tag{3-25}$$

　　对于一个由土壤与植被两部分组成的混合像元,像元中有植被覆盖的面积比例即为该像元的植被覆盖度 f_c,而土壤覆盖的面积比例为 $1-f_c$。设全由植被所覆盖的纯像元,所得的遥感信息为 S_{veg}。混合像元的植被成分所贡献的信息 S_V 可以表示为 S_{veg} 与 f_c 的乘积:

$$S_V = f_c S_{veg} \qquad\qquad (3\text{-}26)$$

同理,设全由土壤所覆盖的纯像元,所得的遥感信息为 S_{soil},混合像元的土壤成分所贡献的信息 S_S 可以表示为 S_{soil} 与 $1-f_c$ 的乘积:

$$S_S = (1 - f_c) S_{soil} \qquad\qquad (3\text{-}27)$$

将式(3-26)与式(3-27)代入式(3-25),可得:

$$S_S = f_c S_{veg} + (1 - f_c) S_{soil} \qquad\qquad (3\text{-}28)$$

式(3-28)可以理解为将 S 线性分解为 S_{veg} 与 S_{soil} 两部分,这两部分的权重分别为它们在像元中所占的面积比例,即 f_c 与 $1-f_c$。

对于超过两种组成成分以上的像元,式(3-28)需要被修正。这种分析假定一个像元只包含植被或土地两种成分。

对式(3-28)进行变换,可以得到以下计算植被覆盖度的公式:

$$f_c = (S - S_{soil})/(S_{veg} - S_{soil}) \qquad\qquad (3\text{-}29)$$

其中 S_{soil} 与 S_{veg} 都是参数,因而可以根据式(3-29)来利用遥感信息估算植被覆盖度。

式(3-29)实际上表达了遥感信息与植被覆盖度的线性关系,可以将式(3-29)改写为以下形式:

$$f_c = aS + b \qquad\qquad (3\text{-}30)$$

式中:a 为斜率;b 为截距。

a、b 的表达式为

$$\begin{cases} a = \dfrac{1}{S_{veg} - S_{soil}} \\ b = -S_{soil}/(S_{veg} - S_{soil}) \end{cases} \qquad\qquad (3\text{-}31)$$

像元二分模型与线性回归模型同样地表达了遥感信息与植被覆盖度的线性关系,从形式上看没有什么本质上的不同,二者之间的主要区别就在于参数的确定上。线性回归模型中的参数 a 与 b 是通过与实测植被覆盖度回归得到的,并没有包含实际的物理意义,参数的确定完全依赖于实测数据,受地域的限制,所得模型也难以推广。S_{soil} 与 S_{veg} 则具有实际含义,即土壤与植被的纯像元所反映的遥感信息,模型具有一定的理论基础,不受地域的限制,模型易于推广。从这一点上说,像元二分模型要比线性回归模型更为优越。

此外,像元二分模型还有一大优点,就是削弱了大气、土壤背景与植被类型等的影响。遥感信息普遍都受到这些因素的影响,如何消除这些影响一直是研究者们急于解决的问题。像元二分模型是通过引入参数 S_{soil} 与 S_{veg},来削弱这些影响的。S_{soil} 包含了土壤的信息,包括土壤类型、颜色、亮度、湿度等因素对于遥感信息的贡献;而 S_{veg} 包含了植被的信息,包括植被类型、植被结构等有关植被的因素对于遥感信息的贡献;两者同时受到大气的影响,均包含了一定的大气对于遥感信息的贡献。像元二分模型实际上是基于 S_{soil} 与 S_{veg} 这两个调节因子所做的线性拉伸,即将大气、土壤背景与植被类型等对遥感信息的影响降至最低,只留下植被覆盖度的信息。

2. 计算处理流程

设 $NDVI_{soil}$ 为纯净裸土像元的 NDVI 值,一般不随时间改变,对于大多数类型的裸地表面,理论上应该接近零。然而由于大气影响地表湿度条件的改变,$NDVI_{soil}$ 会随着时间而变化。此外,由于地表湿度、粗糙度、土壤类型、土壤颜色等条件的不同,$NDVI_{soil}$ 也会随着空间而变化。$NDVI_{soil}$ 的变化范围一般为 $-0.1 \sim 0.2$。因此,采用一个确定的 $NDVI_{soil}$ 值是不可取的,即使对于同一景影像其取值也会有所变化。

设 $NDVI_{veg}$ 为全植被覆盖像元的最大值。由于植被类型的不同,植被覆盖的季节变化,叶冠背景的污染,包括潮湿地面、雪、枯叶等因素,$NDVI_{veg}$ 值的确定也存在着与 $NDVI_{soil}$ 值类似的情况,$NDVI_{veg}$ 值也会随着时间和空间而改变。因此,采用一个确定的 $NDVI_{veg}$ 值也是不可取的。通常,此值需要以经验来判断,这一经验值也可以随着大气条件而波动,在植被覆盖度估算过程中,大气条件可能会引进误差。

由于 $NDVI_{soil}$ 与 $NDVI_{veg}$ 是根据当期 NDVI 遥感影像来确定的,而且即使是同一幅影像,由于地表所覆盖的植被类型的不同这两个值也会有所变化。为了从图像中获取这两个值,可以从已知土地利用土地覆盖类型像元的植被覆盖度来求 $NDVI_{soil}$ 与 $NDVI_{veg}$,再用这两个参数去计算更多像元的植被覆盖度。

$$NDVI_{soil} = \frac{VFC_{max} \times NDVI_{min} - VFC_{min} \times NDVI_{max}}{VFC_{max} - VFC_{min}} \tag{3-32}$$

$$NDVI_{veg} = \frac{(1 - VFC_{min} \times NDVI_{max}) - (1 - VFC_{max} \times NDVI_{min})}{VFC_{max} - VFC_{min}} \tag{3-33}$$

其中,VFC_{max} 与 VFC_{min} 为像元植被覆盖度可能的最大值与最小值,植被覆盖度的最大值和最小值与地区、时相、图像空间分辨率和植被类型等都有关系。不同的地区,植被覆盖度的最大值会有所不同,如干旱地区,植被覆盖度的最大值就可能达不到 100%,而对于温带、亚热带与热带地区,通常情况下都可以取 100%;不同的季节,植被覆盖度的最大值也会不同,如同一地区温带季风气候区的冬季与夏季植被覆盖度相差很大,或者热带地区的干季与湿季,植被覆盖度相差也很大;对于同一地区,同一个季节,由于影像空间分辨率的不同,植被覆盖度的最大值与最小值也会随之变化。植被覆盖度的最小值一般都取零,但对于植被覆盖比较好的地区,在遥感影像空间分辨率较低混合像元效应比较严重的情况下,也有可能取不到零。

由于没有黑河中下游地区现势的植被覆盖度实测数据,结合上述分析,由 VFC_{max} 近似 100%,VFC_{min} 近似 0,那么除去水体和建设用地,$NDVI_{veg}$ 近似为黑河中游或下游(耕地、林地和草地)的当期 NDVI 影像像元的最大值,$NDVI_{soil}$ 近似为黑河中游或下游(裸地和低植被覆盖区域)的当期 NDVI 影像像元的最小值,计算黑河流域其他五类土地覆被的植被覆盖度(Vegetation Fraction Coverage,VFC),计算公式为

$$VFC = \frac{NDVI - NDVI_{min}}{NDVI_{max} - NDVI_{min}} \tag{3-34}$$

植被覆盖度的具体计算步骤为:

(1)将黑河流域中下游 2000—2017 年的 MCD12Q1 数据进行预处理,依据 IGBP 土地利用分类标准,剔除城市建设用地类型和其余类型用地,将其余类型分为植被覆盖类型和

裸土两大类,制作逐年的植被掩膜和裸土掩膜。

（2）利用 2000—2017 年生长季(7—8 月)黑河流域中下游地区的 MOD13Q1 数据提取 NDVI,逐年的多期 NDVI 进行最大值合成,再叠加当年的植被和裸土掩膜后,然后逐年计算 NDVI 合成影像的植被区域 NDVI 最大值和裸土区域 NDVI 最小值,最后依据公式逐年计算植被覆盖度。

3. $NDVI_{soil}$ 与 $NDVI_{veg}$ 的取值

$NDVI_{soil}$ 应该是不随时间改变的,对于大多数类型的裸地表面,理论上应该接近零。然而由于大气影响地表湿度条件的改变,$NDVI_{soil}$ 会随着时间而变化。此外,由于地表湿度、粗糙度、土壤类型、土壤颜色等条件的不同,$NDVI_{soil}$ 也会随着空间而变化。$NDVI_{soil}$ 的变化范围一般为-0.1~0.2。因此,采用一个确定的 $NDVI_{soil}$ 值是不可取的,即使对于同一景图像值也会有所变化。为了使用理想的调整方法,我们并不需要知道 $NDVI_{soil}$ 的具体值,因为它应该是从图像中计算出来的。

裸地的空间变化也可能与传感器的观测角度有关。因此,由于每个像元的观测角度不用,所选择的 $NDVI_{soil}$ 值也会不同,这就造成了对植被覆盖度f_c估计的不确定性。为了减小双向反射的影响,最好避免观测角度太大的数据。在计算植被覆盖度之前,还应采用适当的调整方法以消除大气影响。在使用观测角度较大的传感器所得的图像时,不确定性是肯定存在的。

$NDVI_{veg}$ 代表着全植被覆盖像元的最大值。由于植被类型的不同,植被覆盖的季节变化,叶冠背景的污染,包括潮湿地面、雪、枯叶等因素,$NDVI_{veg}$ 值的确定也存在着与 $NDVI_{soil}$ 值类似的情况,$NDVI_{veg}$ 值也会随着时间和空间而改变。因此,采用一个确定的 $NDVI_{veg}$ 值也是不可取的。通常,此值需要以经验来判断,这一经验值,也可以随着大气条件而波动,在植被覆盖度估算过程中,大气条件可能会引进误差。

由于 $NDVI_{veg}$ 是一个分数的植被指数,它可以直接由原始数字数据、大气幅射、反射或地表反射计算出来。当数据类型(幅射、原始数字数据或大气反射或幅射的最高值)不同时,$NDVI_{veg}$ 也会有所不同。

像元分解密度模型中的等密度模型假设垂直密度足够高($LAI \rightarrow \infty$),这种情况比较具有特殊性,不具有普遍意义。它实质上给出了一种计算 $NDVI_{veg}$ 的方法,就是将 $NDVI_{veg}$ 取值为 $NDVI_{\infty}$,LAI 是一个非常重要的植被指标,也是许多植物生长模型中一个很关键的变量。然而,叶面积指数难以直接从遥感信息直接反演,国际上多用一个相对简单的反射模型来拟合。

$$a = 1 - e^{-K \cdot LAI} \tag{3-35}$$

式中:LAI 为叶面积指数;a 为单位面积内植被所占的面积;K 为植被的消减系数。

3.2.3.5　植被覆盖度等级图制作

以植被覆盖度划分标准为基础,结合黑河流域中下游的植被特点,将研究区的植被覆盖度划分为四级,即低覆盖度植被:0~30%;中覆盖度植被:30%~45%;中、高覆盖度植被:45%~60%;高覆盖度植被:60%~100%,进行植被覆盖度分级统计,研究各级覆盖度植被面积百分比 2000—2017 年的逐年变化情况。

3.2.3.6　植被指数/植被覆盖度年际变化分析

年际变化分析采用趋势分析法(时间序列预测分析法),它是根据事物发展的连续性原理,将过去的历史资料按时间顺序排列,然后运用统计回归方法来预计未来数值变化的一种预测方法。用回归斜率来表达黑河流域中下游地区植被覆盖度的变化趋势,以时间 j 为自变量,植被指数 NDVI 或植被覆盖度 VFC 为因变量,建立一元线性回归方程。其计算公式如下:

$$\theta_{\text{slope}} = \frac{n \times \sum_{j=1}^{n} j \times \text{NDVI}_j - \sum_{j=1}^{n} j \sum_{j=1}^{n} \text{NDVI}_j}{n \times \sum_{j=1}^{n} j^2 - (\sum_{j=1}^{n} j)^2} \tag{3-36}$$

$$\theta_{\text{slope}} = \frac{n \times \sum_{j=1}^{n} j \times \text{VFC}_j - \sum_{j=1}^{n} j \sum_{j=1}^{n} \text{VFC}_j}{n \times \sum_{j=1}^{n} j^2 - (\sum_{j=1}^{n} j)^2} \tag{3-37}$$

式中:θ_{slope} 为回归斜率;NDVI_j 为第 j 年的 NDVI 生长季最大值;VFC_j 为第 j 年的 VFC 生长季均值;n 为监测年数。

如果回归斜率 θ_{slope} 为正数,表示随着时间的增加,年生长季最大 NDVI 和年均 VFC 呈上升趋势,说明该区域植被面积增加,数值越大该地区植被覆盖增加越明显;反之,则说明该区域植被覆盖面积呈减少趋势。

本次研究首先计算 2000—2017 年研究区域内的年生长季 NDVI 最大值,将研究区域从空间上划分为黑河中游地区和下游地区;然后分别对 2000—2011 年、2011—2017 年、2000—2017 年 3 个时间段进行时间序列分析,并通过图表直观描述 2000—2017 年研究区域内植被的年际变化特征。最后,从水文气象等自然因素以及农林牧渔建设等人类活动两方面分析引起研究区植被年际变化的原因。

3.2.4　生态环境模拟预测

元胞自动机(Cell Automata,CA)理论与计算科学的发展密切相关,最初是美国数学家冯诺依曼(Von Neumann)为验证自我复制机的可能性,用 CA 演示机器模拟自身,创造了第一个二维的 CA,得出存在自繁殖规律的结论。CA 随后被用来模拟生物种群繁殖、城市发展等复杂系统。在 CA 模型中,元胞的状态由邻域的元胞状态集按照统一的局部规则决定,用元胞空间来描述地理空间的动态演化。CA 的发展是复杂适应系统理论的进一步扩展,它对具有时空特征的复杂动态系统能够通过其空间建模能力和运算的离散状态,按照相同的元胞转换规则,以及明确的局部或者中观尺度规则进行同步更新,实现数量众多的元胞在简单的相互作用机制下实现动态系统演化的过程。

在此基础上,国内学者黎夏、叶嘉安等不断推动城市 CA 模型的深入研究,更好地模拟了城市发展,开发出基于元胞自动机的土地利用动态模拟系统 GeoSOS。GeoSOS 耦合了地理模拟和空间优化的模型,提供一整套理论、方法和工具用于模拟、预测和优化复杂地理格局和过程。

本书采用 GeoSOS 平台中的基于人工神经网络的元胞自动机(ANN-CA)模型,模拟土地利用动态演化效果,获取地类覆盖的变化规律,实现预测模拟。

3.2.4.1　模拟方法

使用元胞自动机进行土地利用类型模拟预测,包括 3 个部分:

(1)模型数据准备。本书研究中,土地利用变化的历史数据采用 2000 年、2011 年和 2017 年黑河研究区三个年份的土地利用分类现状数据通过 GeoSOS 平台使用 ANN-CA 模型进行土地利用类型模拟。另外,需要采集影响土地利用类型变化的自然因素和人文因素数据,如与人工设施的空间距离、地形、坡度、土地适宜性等。采用 GIS 空间分析方法获取的模拟所需要的影响因子变量,从而分析土地利用变化情况来获得研究区的土地利用变化规则;相关辅助数据等。

(2)规则提取。通过数据挖掘方法(本次研究采用人工神经网络方法)进行样本训练,获取历史时期土地利用类型变化的规律,即各影响因子与土地利用类型变化之间的关系以及样本训练参数。

(3)执行模拟或预测。根据获取的土地利用变化规律,进行研究区某一时段土地利用类型的模拟或预测。模拟时通常会提供模拟终止时段的数据来确定模拟终止条件并验证模拟的精度,预测时通常根据有显著扩张数量的地类样本作为模拟终止的条件。

3.2.4.2　精度检验

通过 GeoSOS 软件采用 ANN-CA 方法,对 2011 年和 2017 年黑河中下游生态环境进行模拟并统计输出结果,计算模拟结果的 Kappa 系数来验证动态模拟是否符合相应的精度要求。对比经人工解译的 2011 年和 2017 年实际生态环境地类现状,按类别进行统计分析以衡量模拟结果的准确度。

第 4 章　黑河中下游 2017 年度生态遥感调查

本章在 2000 年、2011 年的生态遥感调查基础上,基于最新的多源卫星遥感数据:高分一号、高分二号和哨兵一号卫星数据,对黑河中下游生态分布情况进行重新的调查分析。具体调查手段是外业调查与内业解译相结合,通过外业建立解译标志库,对黑河中下游生态现状进行内业解译。黑河中下游生态遥感调查主要包括以下几个方面:遥感影像预处理、影像解译、成果验证修改、变化分析,具体流程如图 4-1 所示。

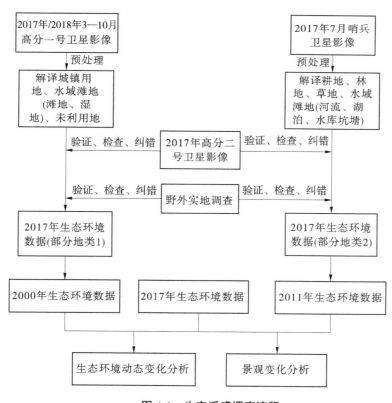

图 4-1　生态遥感调查流程

4.1　遥感影像处理

卫星遥感影像处理:基于收集到的 2011 年土地利用遥感监测数据分别对整个研究区的高分一号卫星、哨兵二号卫星遥感影像和典型区的高分二号卫星遥感影像进行连接点匹配、自由网平差、几何校正、正射纠正、图像融合等处理,得到项目区的数字正射影像。具体流程如图 4-2 所示。

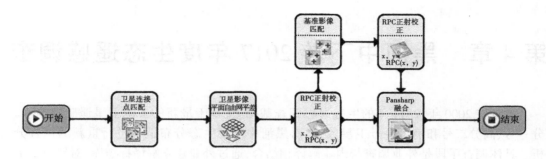

图 4-2 遥感影像处理流程

遥感影像完成预处理以后,参照 TM 影像以及 2011 年解译结果对高分一号影像与高分二号影像进行人工精配准,达到高分影像与前期成果完全套合。

4.2 土地利用分类

参照中国科学院土地资源环境数据库中的全国 1∶10 万土地利用分类系统,结合黑河流域土地覆被与土地利用的区域特点制定了一个以主要反映土地覆被特征的生态环境遥感监测分类系统。该系统采用二级分类,一级分为 6 个大类,主要根据土地资源的利用属性分类;二级分为 24 个类型,主要根据土地资源的经营特点、利用方式和覆被特征分类。各类型含义见表 4-1。

表 4-1 黑河中下游土地利用分类

一级类型		二级类型		含义
编码	名称	编码	名称	
1	耕地	—	—	种植农作物的土地,包括熟耕地、新开荒地、休闲地、轮歇地、草田轮作地;以种植农作物为主的农果、农桑、农林用地;耕种三年以上的滩地和滩涂
		121	山区旱地	主要分布在山区,海拔在 4 000 m 以下的山坡及山前带上;无灌溉水源及设施,靠天然降水生长作物的耕地
		122	丘陵旱地	主要分布在丘陵区。无灌溉水源及设施,靠天然降水生长作物的耕地
		123	平原旱地	有水源和浇灌设施,能正常灌溉的旱作物耕地

续表 4-1

一级类型		二级类型		含义
编码	名称	编码	名称	
2	林地	—	—	生长乔木、灌木、竹类等林业用地
		21	乔林地	郁闭度大于 30% 的天然林和人工林，包括用材林、防护林等成片林地
		22	灌木林地	郁闭度大于 40%、高度在 2 m 以下的矮林地和灌丛林地
		23	疏林地	郁闭度为 10%~30% 的稀疏林地
		24	果园（经济林）	各类果园地
3	草地	—	—	以生长草本植物为主，覆盖度在 5% 以上的各类草地，包括以牧为主的灌丛草地和郁闭度在 10% 以下的疏林草地
		31	高覆盖度草地	覆盖度大于 50% 的天然草地、改良草地和割草地。此类草地一般水分条件较好，草被生长茂密
		32	中覆盖度草地	覆盖度在 20%~50% 的天然草地和改良草地，此类草地一般水分不足，草被较稀疏
		33	低覆盖度草地	覆盖度在 5%~20% 的天然草地、此类草地水分条件缺乏，草被稀疏，牧业利用条件差
4	水域滩地	—	—	天然陆地水域和水利设施用地
		41	河流、渠系	天然形成或人工开挖的河流及主干渠常年水位以下的土地，人工渠包括堤岸
		42	湖泊	天然形成的积水区常年水位以下的土地
		43	水库坑塘	人工修建的蓄水区常年水位以下的土地
		46	滩地	河、湖水域平水期水位与洪水期水位之间的土地
		64	湿地	地势平坦低注，排水不畅，长期潮湿，季节性积水或常积水，表层生长湿生植物的土地

续表 4-1

一级类型		二级类型		含义
编码	名称	编码	名称	
5	城镇用地	—	—	城乡用地及县镇以外的工矿、交通等用地
		51	城镇用地	大、中、小城市及县镇以上建成区用地
		52	农村居民地	农村、城镇用地
		53	工矿及交通用地	指独立于城镇以外的厂矿、大型工业区、油田、盐场、采石场等用地、交通道路、机场及特殊用地
6	未利用土地	—	—	目前还未利用的土地、包括难利用的土地
		61	沙地	地表为沙覆盖,植被覆盖度在5%以下的土地,包括沙漠,不包括水系中的沙滩
		62	戈壁	指地表以碎砾石为主,植被覆盖度在5%以下的土地
		63	盐碱地	地表盐碱聚集,植被稀少,只能生长耐盐碱植物的土地
		65	裸土地	地表土质覆盖,植被覆盖度在5%以下的土地
		66	裸岩	地表为岩石或石砾,其覆盖面积>5%以下的土地
		67	其他	其他未利用土地,包括高寒荒漠、苔原等

4.3　土地利用解译

采用目视解译的方法进行土地利用分类。以高分一号遥感影像为信息源,由简单到复杂逐类逐层解译。

遥感图像解译前,应根据影像特征的差异建立解译标志。运用一切直接的和间接的解译标志进行综合分析,提高解译质量与解译精度。根据不同类型的分布特征,解译原则和技术要素如下:

面状要素解译时要注意矢量图斑的轮廓要与边界吻合,光滑圆润无尖角;解译时需要一定的制图综合,对于面积过小且不明显的图斑可合并到周边面积大而重要的图斑中去;河流等线状要素解译时需要保持连续性;在数据解译过程中,判读的最小上图图斑为 10× 10 个像元(25 m×25 m),即 2 500 m²,图斑最小宽度 50 m,图斑间最小间距 50 m,图斑拐角取舍 50 m;解译的图形与 DOM 上明显的同名地物的允许移位为图上 0.3 mm,不明显的同名地物的允许移位为图上 1.0 mm。

为保证与 2011 年数据的可比性和一致性,制图综合时参考 2011 年土地覆被数据,以减小人为随机误差的影响。

分类后处理。解译完成后,要进行碎多边形检查、异常码检查和拓扑检查,确保数据中没有逻辑错误。

4.4　解译结果检验

4.4.1　野外调查精度评价

为了判断高分一号影像目视解译结果的准确性,于 2018 年 9 月对中下游地区进行了野外调查验证工作。

在中下游选取了 13 个验证区、195 个样本点对生态环境变化情况进行调查与验证(见图 4-3 和图 4-4)。利用 GPS 对每个样本点进行了定位,并对该样点的生态类型和周围环境进行了记录和拍照。同时,通过对专家的咨询或对当地居民的询问,了解该区域以前的生态类型以及导致生态环境变化的原因。验证结果表明对中游地区生态环境类别的判读准确率达到了 94.8%。

图 4-3　中下游野外实地调查验证照片

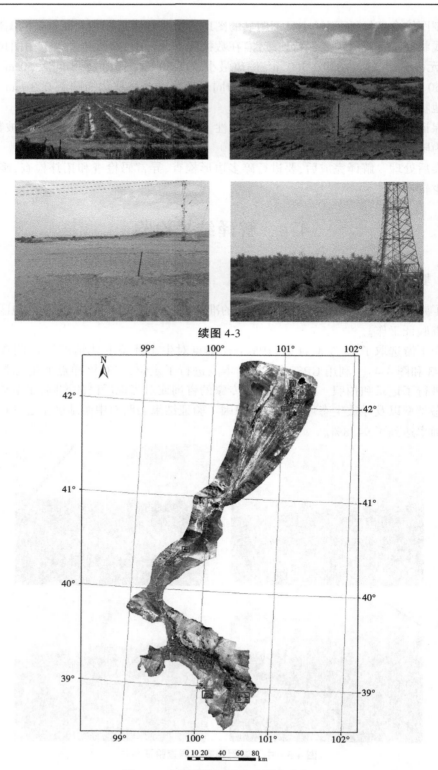

续图 4-3

图 4-4　中下游验证区和采样点分布

4.4.2 高分二号影像数据精度评价

以更高分辨率的高分二号影像(见图4-5)作为参考,分别对三个典型区(中游张掖城北国家湿地公园、中游临泽平川区域和下游东居延海附近区域)的高分一号影像解译结果进行精度评价。随机选取167个均匀分布的检查点,建立误差矩阵(见表4-2)进行精度检验。结果表明,研究区域的总体精度为94.01%,Kappa系数为0.93,精度良好,各个地类的分类精度如表4-3所示。所使用的各项精度检验指标如下:

错分误差:指被分为用户感兴趣的类,而实际上属于另一类的像元,错分误差显示在混淆矩阵的行里面。

漏分误差:指本属于地表真实分类,但没有被分类器分到相应类别中的像元数。漏分误差显示在混淆矩阵的列里面。

制图精度(生产者精度):指分类器将整个影像的像元正确分为A类的像元数(对角线值)与A类真实参考总数(混淆矩阵中A类列的总和)的比率。

用户精度(使用者精度):指正确分到A类的像元总数(对角线值)与分类器将整个影像的像元分为A类的像元总数(混淆矩阵中A类行的总和)比率。

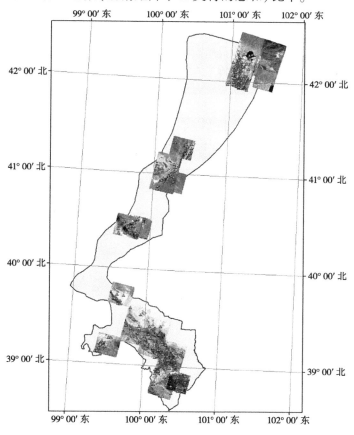

图4-5 中下游高分二号检查点分布

表 4-2 误差矩阵

		GF1 分类						
		耕地	林地	草地	水域滩地	城镇	未利用地	总和
GF2 分类	耕地	27	0	0	0	0	1	28
	林地	1	29	2	0	0	0	32
	草地	1	0	9	1	0	0	11
	水域滩地	0	0	0	22	0	0	22
	城镇用地	0	0	0	2	22	1	25
	未利用地	0	0	0	1	0	48	49
	总计	29	29	11	26	22	50	167

表 4-3 分类精度 %

分类	制图精度	漏分误差	用户精度	错分误差
耕地	96.43	3.57	93.10	6.90
林地	90.63	9.38	100.00	0
草地	81.82	18.18	81.82	18.18
水域滩地	100.00	0	84.62	15.38
城镇用地	88.00	12.00	100.00	0.00
未利用地	97.96	2.04	96.00	4.00

第 5 章　黑河中下游生态环境现状及变化分析

5.1　黑河中游生态环境现状及变化分析

5.1.1　生态环境现状及空间分布特征

5.1.1.1　黑河中游生态环境现状

黑河中下游区域解译主要采用高分一号全色和多光谱融合后的影像,对 24 个二级地类进行解译,通过外业调查核实及更改,最终得到黑河中游各生态类型面积调查统计结果如表 5-1、图 5-1 所示。

表 5-1　黑河中游 2011—2017 年生态环境遥感调查结果统计

生态环境类型	二级分类	面积/万亩		占总面积的比例/%	
		2011 年	2017 年	2011 年	2017 年
耕地	山区旱地	0.23	0	0.02	0
	丘陵旱地	2.83	0.18	0.20	0.01
	平原旱地	354.21	354.22	25.32	25.32
	小计	357.27	354.40	25.54	25.33
林地	乔林地	1.32	16.44	0.09	1.18
	灌木林地	9.1	10.03	0.65	0.72
	疏林地	8.9	16.68	0.64	1.19
	果园(经济林)	0.37	0.52	0.03	0.04
	小计	19.69	43.67	1.41	3.13
草地	高覆盖度草地	2.81	12.79	0.20	0.91
	中覆盖度草地	31.51	38.70	2.25	2.77
	低覆盖度草地	106.64	376.04	7.62	26.88
	小计	140.96	427.53	10.08	30.56
水域滩地	河流、渠系	16.97	9.72	1.21	0.69
	湖泊	0.08	0	0.01	0
	水库坑塘	3.11	6.18	0.22	0.44
	滩地	20.17	22.64	1.44	1.62
	湿地	22.73	14.22	1.62	1.02
	小计	63.06	52.76	4.50	3.77

续表 5-1

生态环境类型	二级分类	面积/万亩		占总面积的比例/%	
		2011 年	2017 年	2011 年	2017 年
城镇用地	城镇建设用地	3.67	9.02	0.26	0.64
	农村居民地	18.29	27.51	1.31	1.97
	工矿及交通用地	2.44	19.44	0.17	1.39
	小计	24.4	55.97	1.74	4.00
未利用地	沙地	153.75	95.22	10.99	6.81
	戈壁	482.32	203.19	34.48	14.52
	盐碱地	16.17	11.10	1.16	0.79
	裸土地	3.93	5.57	0.28	0.40
	裸岩	127.37	149.60	9.10	10.69
	其他(未利用地)	10.09	0	0.72	0
	小计	793.63	464.68	56.73	33.21
总计		1 399.01	1 399.01	100.00	100.00

从表 5-1 可以看出,2017 年黑河中游研究区面积为 1 399.01 万亩。耕地面积为 354.40 万亩,其中平原旱地(水浇地)面积为 354.22 万亩,占耕地面积的 99.95%;林地面积为 43.67 万亩;草地面积为 427.53 万亩,其中低覆盖度草地面积为 376.04 万亩,占草地总面积的 87.96%,中覆盖度草地面积为 38.70 万亩,占草地总面积的 9.05%;水域滩地面积为 52.76 万亩,其中湿地、滩地、河流渠系面积分别为 14.22 万亩、22.64 万亩、9.72 万亩。占水域滩地面积的比重分别为 26.96%、42.91% 和 18.42%;城镇用地面积为 55.97 万亩;未利用地面积为 464.68 万亩,其中戈壁面积为 203.19 万亩,占未利用地面积的比重 43.73%。耕地、林地、草地、水域滩地、城镇用地和未利用地占中游研究区面积的比重分别为 25.33%、3.13%、30.56%、3.77%、4.00% 和 33.21%。

5.1.1.2　黑河中游生态环境空间分布特征

黑河中游是典型的农业灌溉绿洲。耕地、草地和未利用地是该区域主要的生态环境类型(见图 5-1)。耕地主要分布在黑河沿岸的走廊平原区并沿河渠分布[见图 5-2(a)];林地主要分布在甘州区大满灌区、临泽县梨园河灌区以及高台县友联灌区和罗城灌区[见图 5-2(b)];草地主要分布于山地与平原的交接地带以及绿洲的边缘[见图 5-2(c)];水域滩地基本为河流滩地和湿地,其中湿地主要集中分布在甘州区城郊附近以及高台县罗城灌区的盐池附近[见图 5-2(d)];城镇用地主要沿河流分布,分布较为分散,甘州区的城镇用地最为密集[见图 5-2(e)];未利用地主要为沙地、戈壁、盐碱地、裸土地以及裸岩,未利用地多分布在甘州区、临泽县和高台县三县(区)的北部,盐碱地主要分布在高台县罗城灌区西部的盐池附近以及友联灌区西部绿洲边缘[见图 5-2(f)]。

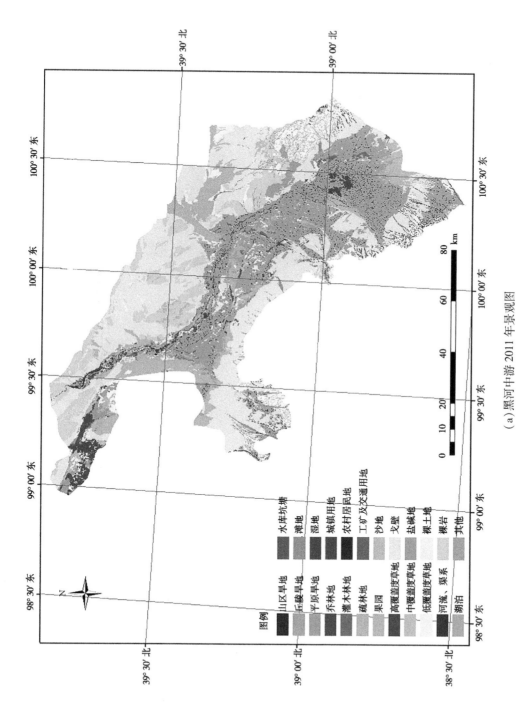

图例

山区旱地	水库坑塘
丘陵旱地	滩地
平原旱地	湿地
乔林地	城镇用地
灌木林地	农村居民地
疏林地	工矿及交通用地
果园	沙漠
高覆盖度草地	戈壁
中覆盖度草地	盐碱地
低覆盖度草地	裸土地
河流、渠系	裸岩
湖泊	其他

（a）黑河中游 2011 年景观图

图 5-1　黑河中游 2011 年和 2017 年景观图

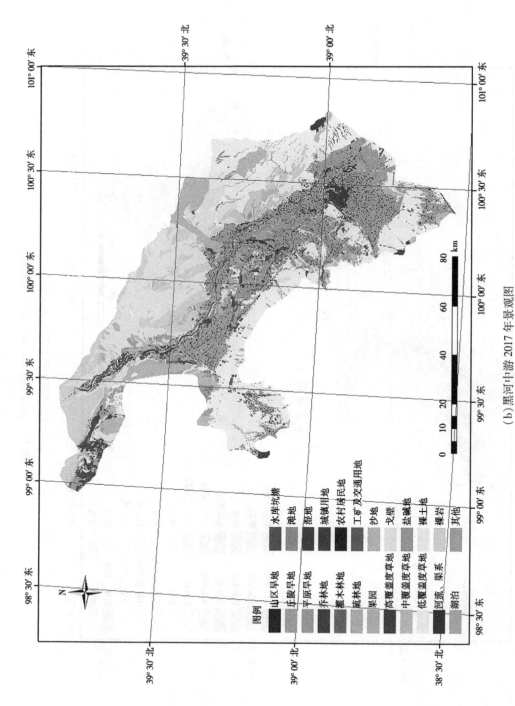

图例

山区旱地　　水库坑塘
丘陵旱地　　滩地
平原旱地　　湿地
乔林地　　　城镇用地
灌木林地　　农村居民地
疏林地　　　工矿及交通用地
果园　　　　沙地
高覆盖度草地　戈壁
中覆盖度草地　盐碱地
低覆盖度草地　裸土地
河流、渠系　　裸岩
湖泊　　　　其他

0　10　20　　40　　60　　80 km

（b）黑河中游 2017 年景观图

续图 5-1

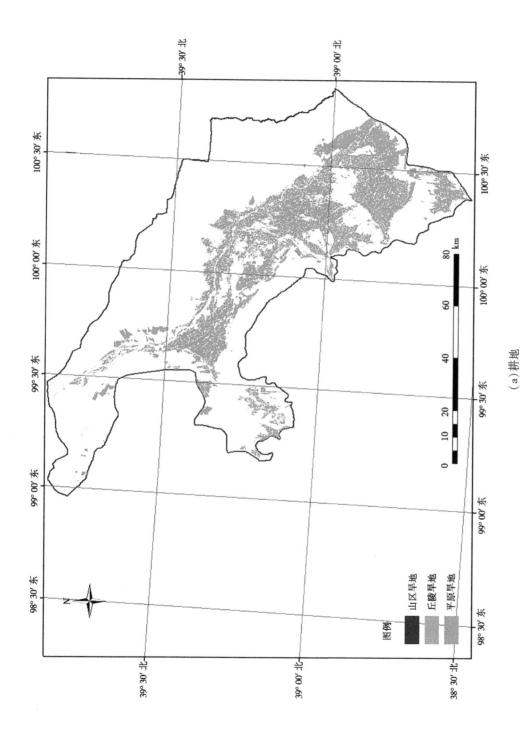

图 5-2 2017 年黑河中游各生态环境类型空间分布格局

（a）耕地

图例

山区旱地
丘陵旱地
平原旱地

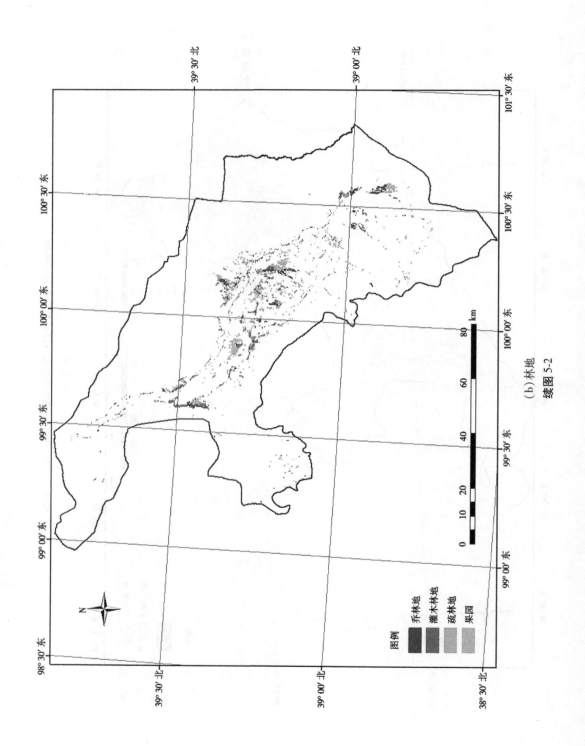

（b）林地

续图 5-2

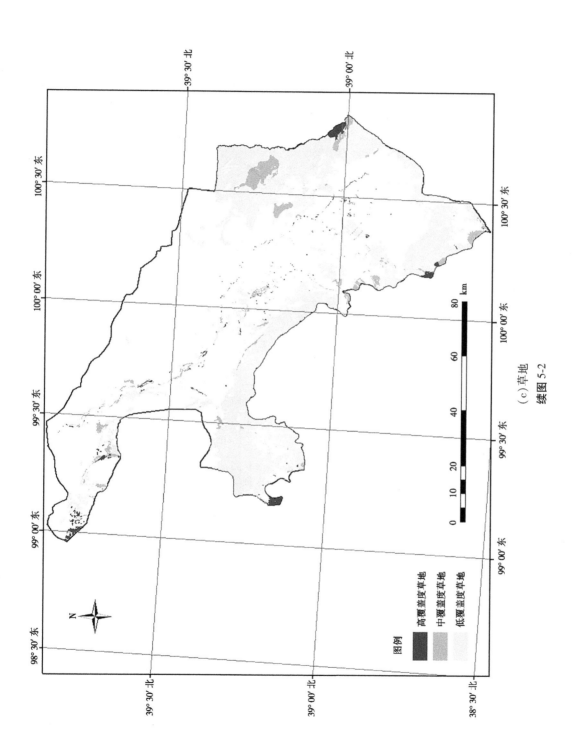

(c) 草地

续图 5-2

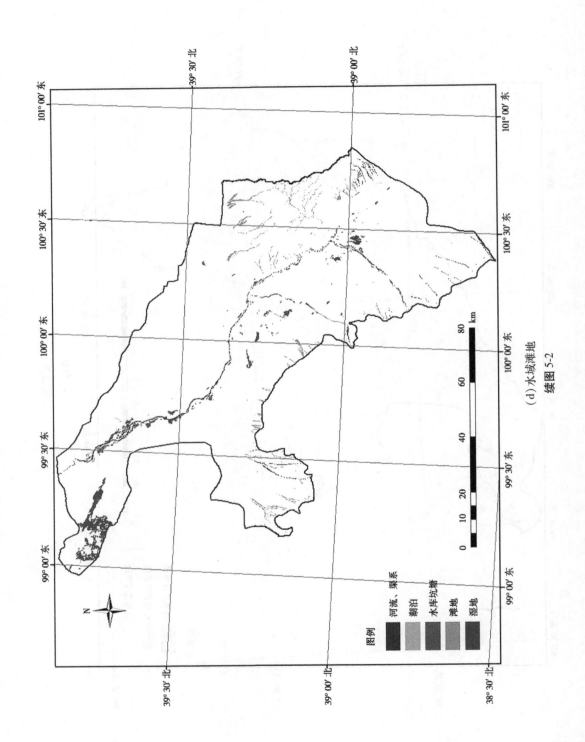

（d）水域滩地

续图 5-2

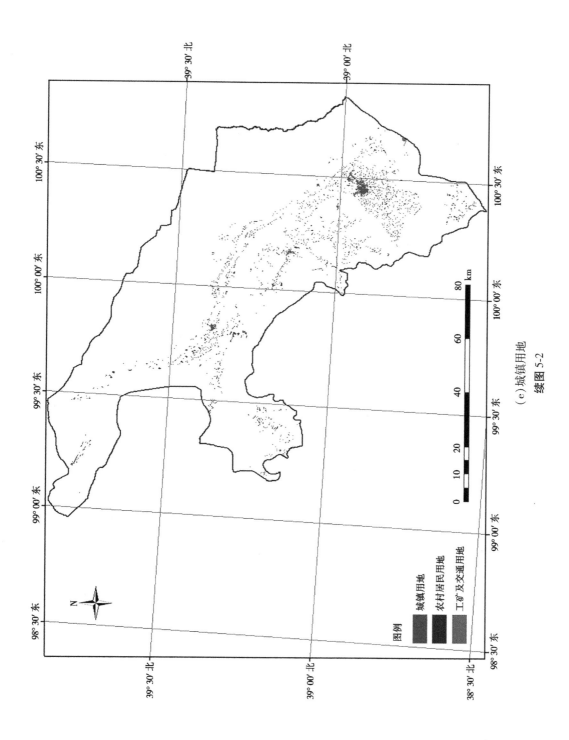

（e）城镇用地

续图 5-2

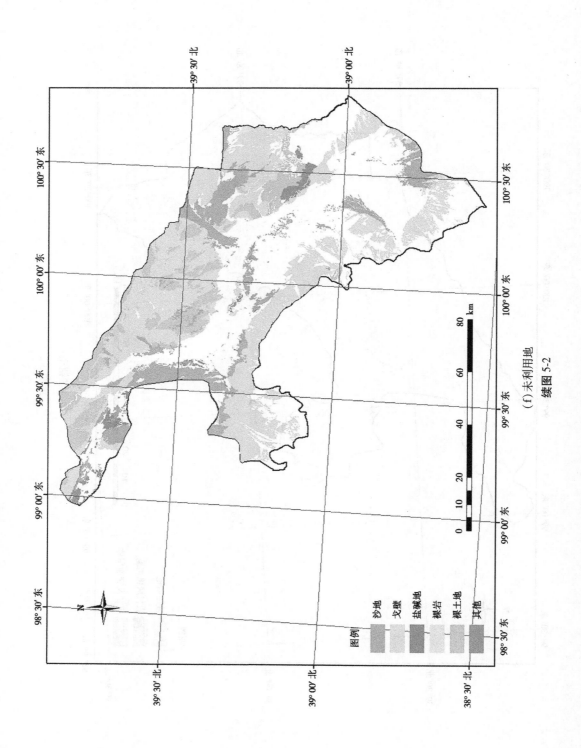

（f）未利用地

续图 5-2

5.1.2 生态环境变化总体情况

5.1.2.1 2011—2017 年变化情况

2011—2017 年的 7 年间,黑河中游地区的生态环境发生了较大的变化。耕地略有减少,从 2011 年的 357.27 万亩减少到 2017 年的 354.40 万亩,减少了 2.87 万亩;林地从 19.69 万亩增至 43.67 万亩,新增林地 23.98 万亩;草地从 2011 年的 140.96 万亩增至 2017 年的 427.53 万亩,总体增加了 286.57 万亩,其中低覆盖度草地增加了 269.40 万亩,高覆盖度草地和中覆盖度草地分别增加了 9.98 万亩和 7.19 万亩;水域滩地减少了 10.3 万亩;未利用地从 2011 年的 793.63 万亩减少到了 464.68 万亩,减少了 328.95 万亩;城镇用地增加了 31.57 万亩。黑河中游 2011—2017 年主要生态环境类型变化情况见表 5-2、图 5-3 和表 5-3、图 5-4。

表 5-2 黑河中游 2011—2017 年主要生态环境类型变化

项目	耕地	林地	草地	水域滩地	城镇用地	未利用地
2011 年/万亩	357.27	19.69	140.96	63.06	24.40	793.63
2017 年/万亩	354.40	43.67	427.53	52.76	55.97	464.68
面积变化/万亩	-2.87	23.98	286.57	-10.30	31.57	-328.95
变化幅度/%	-0.80	121.79	203.30	-16.33	129.39	-41.45

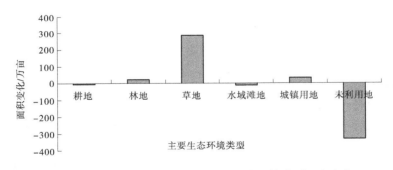

图 5-3 黑河中游 2011—2017 年主要生态环境类型面积变化

表 5-3 黑河中游 2011—2017 年二级生态环境类型变化统计   单位:万亩

二级类型	2011 年	2017 年	面积变化
乔木林地	1.32	16.44	15.12
灌木林地	9.10	10.03	0.93
疏林地	8.90	16.68	7.78
果园(经济林)	0.37	0.52	0.15
高覆盖度草地	2.81	12.79	9.98
中覆盖度草地	31.51	38.70	7.19

续表 5-3

二级类型	2011 年	2017 年	面积变化
低覆盖度草地	106.64	376.04	269.40
河流、渠系	16.97	9.72	−7.25
水库坑塘	3.11	6.18	3.07
湖泊	0.08	0	−0.08
滩地	20.17	22.64	2.47
湿地	22.73	14.22	−8.51

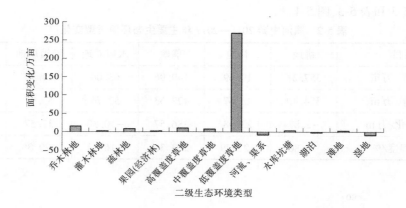

图 5-4　黑河中游 2011—2017 年二级生态环境类型面积变化

5.1.2.2　2000—2017 年变化情况

2000—2017 年的 18 年间,耕地略有增加,从 2000 年的 319 万亩增加到 2017 年的 354.4 万亩,增加了 35.4 万亩;林地从 18.26 万亩增至 43.67 万亩,新增林地 25.41 万亩;草地显著增加,从 2000 年的 148.31 万亩增至 2017 年的 427.53 万亩,总体增加了 279.22 万亩,其中低覆盖度草地增加了 260.29 万亩,高覆盖度草地和中覆盖度草地分别增加了 10.62 万亩和 8.31 万亩;水域滩地减少了 13.59 万亩;未利用地从 2000 年的 828.09 万亩减少到了 464.68 万亩,减少了 363.41 万亩;城镇用地增加了 36.28 万亩。黑河中游 2000—2017 年主要生态类型变化情况见表 5-4、图 5-5 和表 5-5、图 5-6。

表 5-4　黑河中游 2000—2017 年主要生态环境类型变化统计

项目	耕地	林地	草地	水域滩地	城镇用地	未利用地
2000 年/万亩	319.00	18.26	148.31	66.35	19.69	828.09
2017 年/万亩	354.40	43.67	427.53	52.76	55.97	464.68
面积变化/万亩	35.40	25.41	279.22	−13.59	36.28	−363.41
变化幅度/%	11.10	139.15	188.26	−20.48	184.26	−43.89

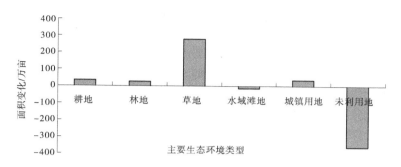

图 5-5 黑河中游 2000—2017 年主要生态环境类型面积变化

表 5-5 黑河中游 2000—2017 年二级生态环境类型变化统计 单位:万亩

二级类型	2000 年	2017 年	面积变化
乔木林地	1.12	16.44	15.32
灌木林地	7.76	10.03	2.27
疏林地	9.22	16.68	7.46
果园(经济林)	0.16	0.52	0.36
高覆盖度草地	2.17	12.79	10.62
中覆盖度草地	30.39	38.70	8.31
低覆盖度草地	115.75	376.04	260.29
河流、渠系	17.54	9.72	−7.82
水库坑塘	4.63	6.18	1.55
滩地	21.30	22.64	1.34
湿地	22.89	14.22	−8.67

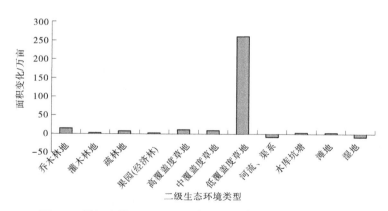

图 5-6 黑河中游 2000—2017 年二级生态环境类型面积变化

5.1.3 生态环境变化转移矩阵分析

从黑河中游地区生态环境类型转移矩阵(见表 5-6)和黑河中游地区 2011—2017 年

生态环境动态变化图(见图 5-7)中可以看出,耕地减少了 2.87 万亩,主要转变为城镇用地和草地,分别为 18.21 万亩和 14.44 万亩。减少的耕地主要位于甘州区西部和北部[见图 5-8(a)、(d)、及图 5-11],新开垦耕地主要位于甘州区大满灌区的东南部[见图 5-8(a)、(b)及图 5-9]与黑泉乡东北部[见图 5-8(a)、(c)及图 5-10]。减少的耕地主要是被占为城镇用地,甘州区减少最为明显;还有部分耕地退耕为林地、草地、水域滩地,其中退耕为水域滩地的地方,主要沿黑河和水库零散分布。

表 5-6　黑河中游地区 2011—2017 年生态环境类型转移矩阵　　　单位:万亩

项目	耕地	林地	草地	水域滩地	城镇用地	未利用地	转移量
耕地	306.64	11.65	14.44	4.89	18.21	1.42	-2.86
林地	1.54	13.05	4.08	0.44	0.39	0.18	23.98
草地	5.13	8.80	109.51	4.71	1.66	11.13	286.57
水域滩地	2.47	1.75	19.14	36.29	1.09	2.32	-10.30
城镇用地	4.02	0.23	0.64	0.45	18.98	0.08	31.57
未利用地	34.59	8.18	279.71	5.99	15.63	449.54	-328.97

注:横向为 2011 年,纵向为 2017 年。

城镇用地增加了 31.57 万亩,多呈辐射状向四周发展(见图 5-12)。研究区内城镇用地的增加主要来自于耕地和未利用地,面积为 18.21 万亩和 15.63 万亩。林地面积有大幅度的增加,增加了 23.98 万亩,其中灌木林、乔木林、疏林地和经济林地分别增加为 0.93 万亩、15.12 万亩、7.78 万亩和 0.15 万亩。2011—2017 年间,新增林地主要来自耕地、草地和未利用地,分别为 11.65 万亩、8.8 万亩和 8.18 万亩,主要分布在临泽县鸭暖灌区与梨园河灌区交界地带[图 5-13(a)、(b)]以及高台县友邦灌区西部绿洲边缘[见图 5-13(a)、(d)],同时由于开荒扩耕,部分林地被开垦为耕地,面积为 1.54 万亩。

草地总体呈显著的增加趋势,增加了 286.57 万亩。增加的草地主要来自于未利用地、水域滩地以及耕地,面积为 279.71 万亩、19.14 万亩和 14.44 万亩,其中增加的区域主要位于山区与平原交接的区域(见图 5-14),特别是临泽、甘州的西部和东部,大面积戈壁转变为低覆盖度草地。同时,部分区域的草地也有减少,减少的草地主要转变为未利用地,面积为 11.13 万亩。

水域滩地总体略有减少,面积为 10.3 万亩,水域滩地面积的减少主要是研究区内河流滩地转变为草地。

从以上分析可知,在 2011—2017 年的 7 年间黑河中游的生态环境类型发生了显著的变化(见图 5-15),但整体景观仍保持荒漠化景观(沙地、戈壁)与绿洲景观(耕地、草地等各种天然绿洲)强烈分异的鲜明格局。各种生态类型的相互转换十分复杂,主要发生在绿洲中间以及绿洲与戈壁的过渡地带。由于受经济利益的驱使以及水分条件的变化,在绿洲和戈壁过渡带发生了沙地、戈壁向耕地的转变,人类活动是逐渐改变景观面貌的最主要最活跃的因素。同时,发生了戈壁向草地大面积转变的情况,说明黑河中游的植被在增加,生态环境正在向着好的方向发展,当地的生态环境保护政策发挥了有效的作用。

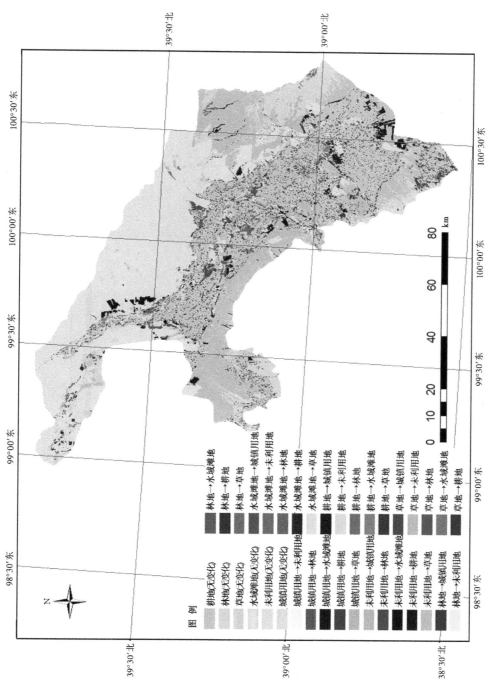

图 5-7　黑河中游地区 2011—2017 年生态环境动态变化

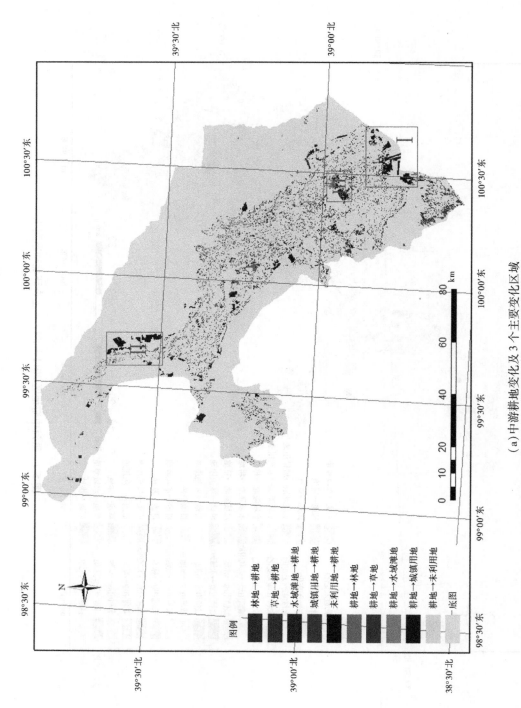

（a）中游耕地变化及 3 个主要变化区域

图 5-8　黑河中游 2011—2017 年耕地变化

（b）甘州区大满灌区东南部

续图 5-8

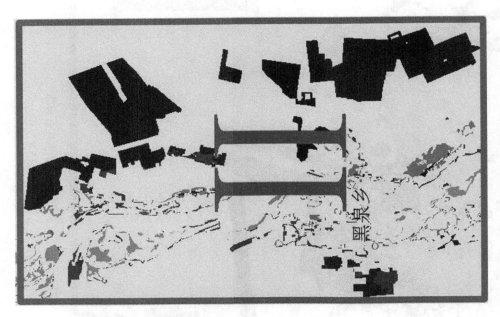

(c) 黑泉乡东北部

续图 5-8

（d）张掖市区西北部

续图 5-8

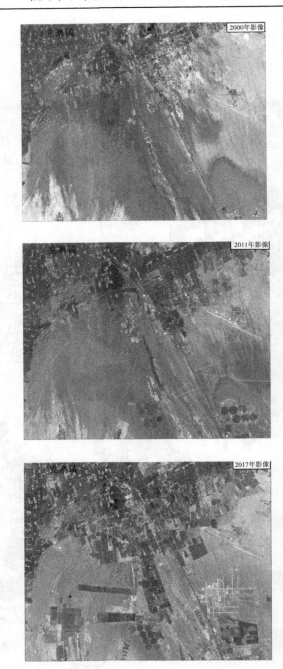

图 5-9　甘州区大满灌区东南部 2000—2017 年三期影像对比

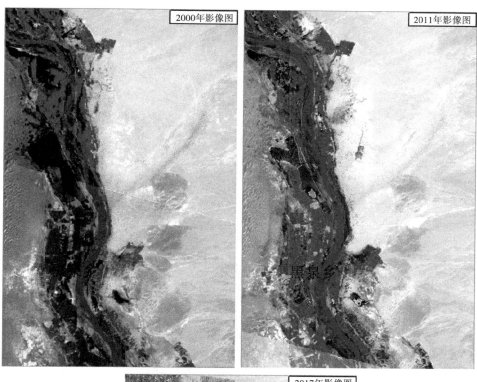

图 5-10　黑泉乡东北部 2000—2017 年三期影像对比

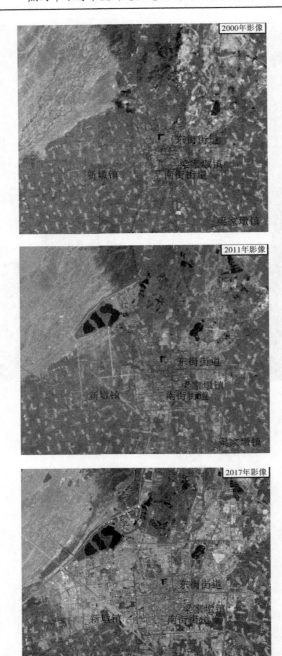

图 5-11　张掖市区西北部 2000—2017 年三期影像对比

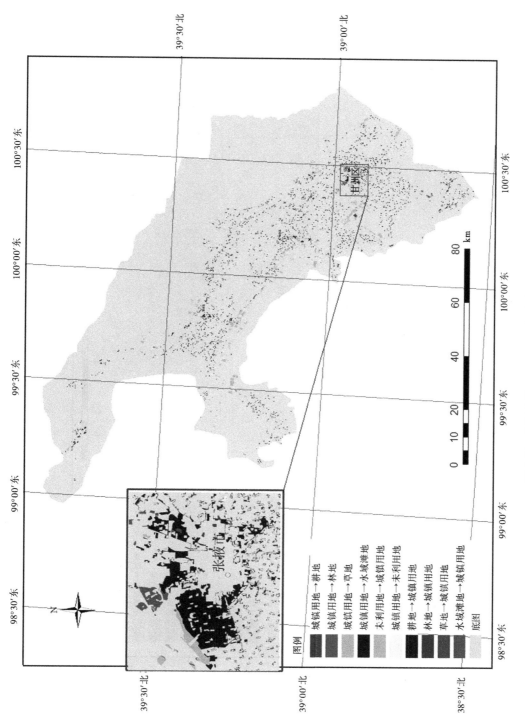

图 5-12　黑河中游 2011—2017 年城镇田地变化

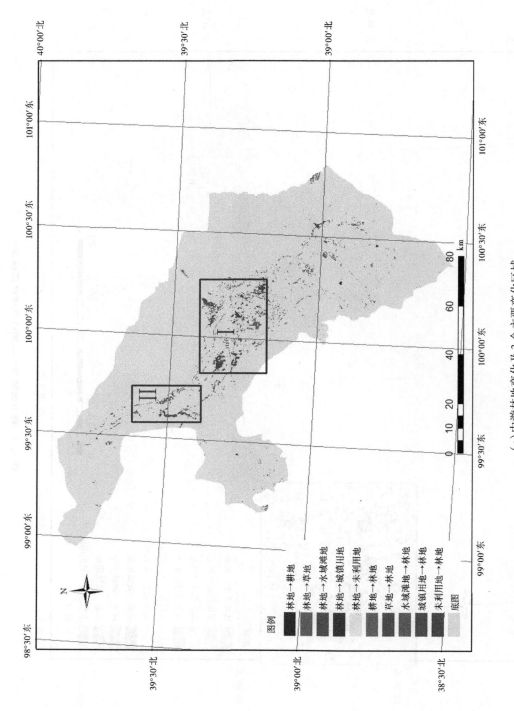

（a）中游林地变化及 3 个主要变化区域

图 5-13　黑河中游 2011—2017 年林地变化

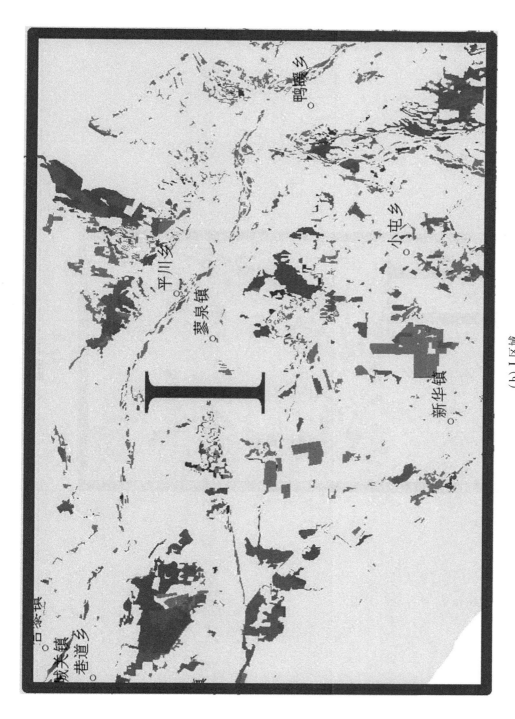

（b）I 区域

续图 5-13

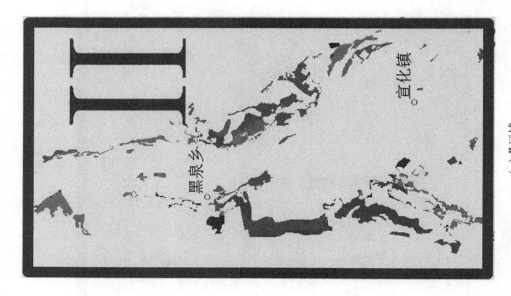

（c）Ⅱ区域

续图 5-13

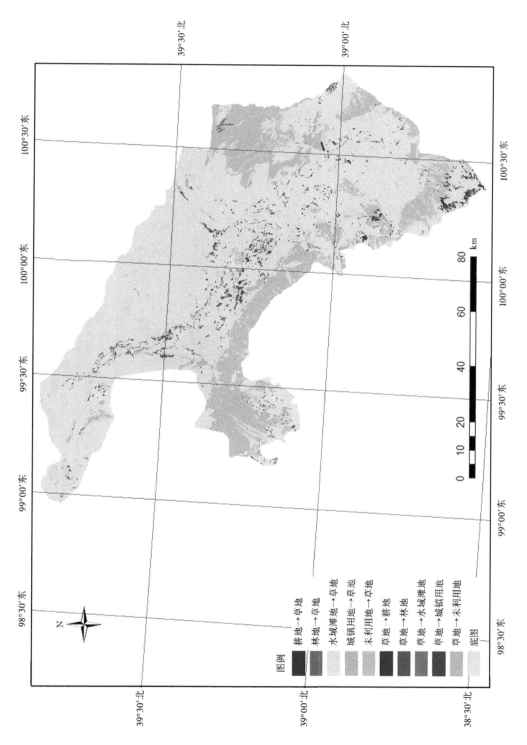

图 5-14　黑河中游 2011—2017 年草地变化

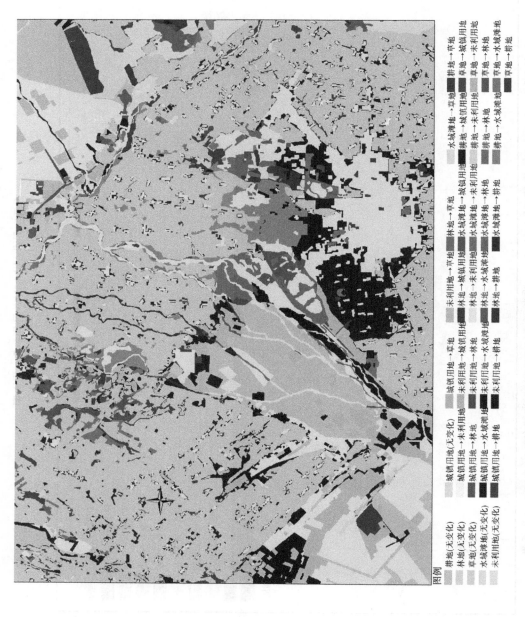

图 5-15　张掖城北国家湿地公园附近区域 2011—2017 年生态环境动态变化

5.2　黑河下游生态环境现状及变化分析

5.2.1　生态环境现状及分布特征

5.2.1.1　黑河下游生态环境现状

黑河下游各生态类型面积调查统计结果如表 5-7、图 5-16 所示,以及两个分区(额济纳三角洲和鼎新)各生态类型面积调查统计结果如图 5-17、图 5-18 所示。

表 5-7　黑河下游 2011—2017 年生态环境遥感调查结果

生态环境类型	二级分类	面积/万亩		占总面积的比例/%	
		2011	2017	2011	2017
耕地	平原旱地	43.77	48.22	1.67	1.84
林地	乔林地	19.21	15.08	0.73	0.58
	灌木林地	21.20	39.28	0.81	1.50
	疏林地	24.93	79.36	0.95	3.04
	果园(经济林)	0	0.30	0	0.01
	小计	65.34	134.02	2.49	5.13
草地	高覆盖度草地	7.55	7.27	0.29	0.28
	中覆盖度草地	47.91	38.42	1.83	1.47
	低覆盖度草地	133.59	84.28	5.11	3.22
	小计	189.05	129.97	7.23	4.97
水域滩地	河流、渠系	26.20	22.34	1.00	0.85
	湖泊	6.75	6.67	0.26	0.26
	水库坑塘	4.71	5.63	0.18	0.22
	滩地	5.88	10.52	0.11	0.40
	湿地	2.89	9.28	0.22	0.35
	小计	46.43	54.44	1.77	2.08
城镇用地	城镇建设用地	1.63	2.24	0.06	0.09
	农村居民地	1.32	1.85	0.05	0.07
	工矿及交通用地	3.43	6.08	0.13	0.23
	小计	6.38	10.17	0.24	0.39
未利用地	沙地	462.51	378.79	17.69	14.49
	戈壁	1 629.51	1 677.48	62.33	64.16
	盐碱地	46.76	40.94	1.79	1.57
	裸土地	0.58	5.07	0.02	0.19
	裸岩	124.15	135.37	4.75	5.18
	小计	2 263.51	2 237.65	86.58	85.59
总计		2 614.48	2 614.48	100.00	100.00

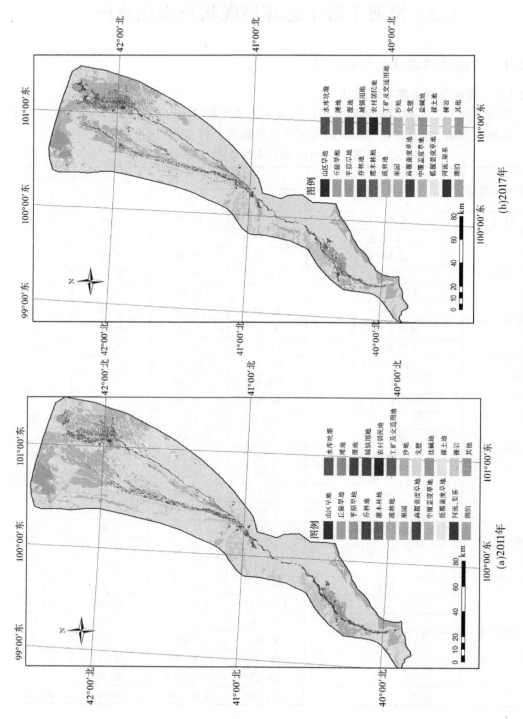

图 5-16　黑河下游 2011 年和 2017 年景观图

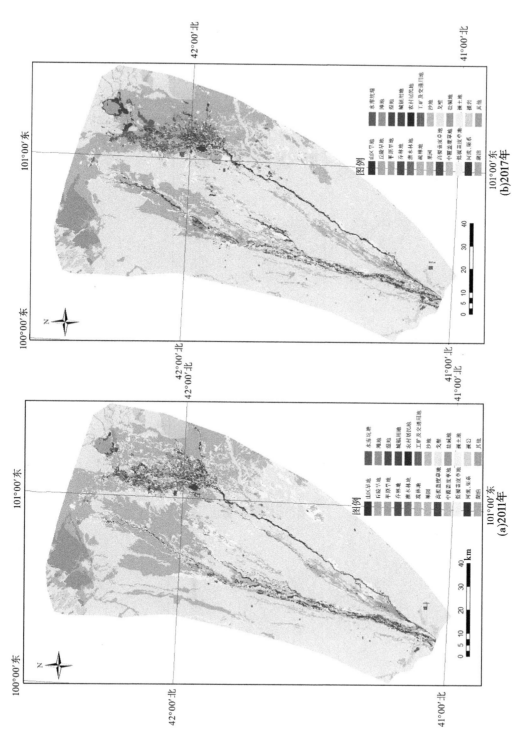

图 5-17　额济纳三角洲 2011 年和 2017 年景观图

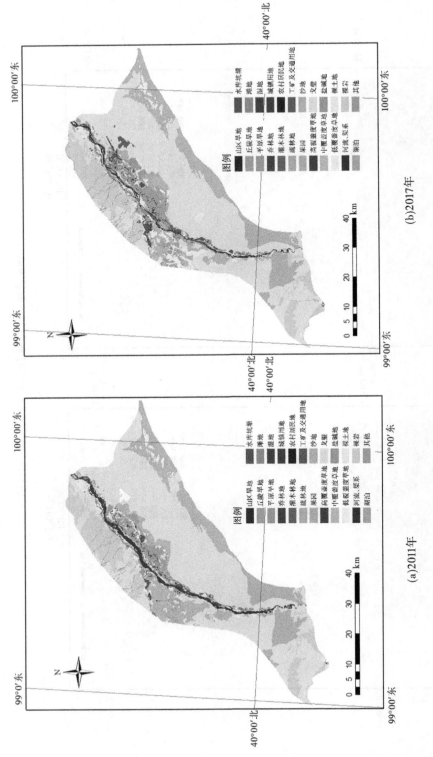

图 5-18　鼎新地区 2011 年和 2017 年景观图

从表 5-7 可以看出,下游研究区面积为 2 614.48 万亩。耕地面积为 48.22 万亩;林地面积为 134.02 万亩;草地面积为 129.97 万亩,其中低覆盖度草地面积为 84.28 万亩,占草地总面积的 64.85%,中覆盖度草地面积为 38.42 万亩,占草地总面积的 29.56%;水域滩地面积 54.44 万亩,其中河流渠系、湖泊和湿地面积分别为 22.34 万亩、6.67 万亩和 9.28 万亩,占水域滩地面积的比重分别为 41.04%、12.26% 和 17.05%;城镇用地面积为 10.17 万亩;未利用地面积为 2 237.65 万亩,其中戈壁面积为 1 677.48 万亩,占未利用地面积的比重为 74.97%。耕地、林地、草地、水域滩地、城镇用地和未利用地占下游研究区面积的比例分别为 1.84%、5.13%、4.97%、2.08%、0.39% 和 85.59%。

1. 额济纳三角洲生态环境现状

2017 年,额济纳三角洲面积为 1 734.65 万亩。其中,耕地面积为 17.76 万亩,占下游研究区耕地面积的 36.82%;林地面积 124.44 万亩,占下游林地面积的 92.86%,其中灌木林和疏林地面积分别为 37.59 万亩和 73.84 万亩;草地面积为 95.87 亩,其中低覆盖度、中覆盖度和高覆盖度草地面积分别为 57.39 万亩、32.40 万亩和 6.08 万亩;水域滩地面积为 28.30 万亩。耕地、林地、草地、水域滩地、城镇用地和未利用地占额济纳三角洲面积的比例分别为 1.02%、7.18%、5.53%、1.63%、0.27% 和 84.38%。详细统计数据见表 5-8。

表 5-8　额济纳三角洲 2017 年各生态环境类型面积和比例

生态环境类型	二级类型	面积/万亩	比例/%
耕地	平原旱地	17.76	1.02
林地	乔林地	12.72	0.73
	灌木林地	37.59	2.17
	疏林地	73.84	4.26
	果园(经济林)	0.29	0.02
	小计	124.44	7.18
草地	高覆盖度草地	6.08	0.35
	中覆盖度草地	32.40	1.87
	低覆盖度草地	57.39	3.31
	小计	95.87	5.53
水域滩地	河流、渠系	10.83	0.62
	湖泊	6.67	0.38
	水库坑塘	1.41	0.08
	滩地	0.98	0.06
	湿地	8.41	0.49
	小计	28.30	1.63

续表 5-8

生态环境类型	二级类型	面积/万亩	比例/%
城镇用地	城镇建设用地	1.49	0.09
	农村居民地	0.38	0.02
	工矿及交通用地	2.72	0.16
	小计	4.59	0.27
未利用地	沙地	280.08	16.15
	戈壁	1 112.10	64.11
	盐碱地	40.79	2.35
	裸土地	0.63	0.04
	裸岩	30.08	1.73
	小计	1 463.68	84.38
总计		1 734.65	100.00

2. 鼎新地区生态环境现状

2017 年,鼎新地区研究区面积为 446.56 万亩。其中,耕地面积为 29.52 万亩;林地面积为 5.89 万亩;草地面积为 28.55 万亩,其中低覆盖度、中覆盖度和高覆盖度草地面积分别为 22.96 万亩、4.87 万亩和 0.72 万亩;水域滩地面积 16.70 万亩。耕地、林地、草地、水域滩地、城镇用地和未利用地占鼎新地区研究区面积的比例分别为 6.61%、1.32%、6.39%、3.74%、0.92% 和 81.01%。详细统计数据见表 5-9。

表 5-9 鼎新 2017 年各生态环境类型面积和比例

生态环境类型	二级类型	面积/万亩	比例/%
耕地	平原旱地	29.52	6.61
林地	乔林地	1.09	0.24
	灌木林地	0.79	0.18
	疏林地	4.01	0.90
	果园(经济林)	0	0
	小计	5.89	1.32
草地	高覆盖度草地	0.72	0.16
	中覆盖度草地	4.87	1.09
	低覆盖度草地	22.96	5.14
	小计	28.55	6.39

续表 5-9

生态环境类型	二级类型	面积/万亩	比例/%
水域滩地	河流、渠系	7.02	1.57
	水库坑塘	2.81	0.63
	滩地	6.20	1.39
	湿地	0.67	0.15
	小计	16.70	3.74
城镇用地	城镇建设用地	0.05	0.01
	农村居民地	1.44	0.32
	工矿及交通用地	2.64	0.59
	小计	4.13	0.92
未利用地	沙地	83.44	18.68
	戈壁	223.26	50.00
	盐碱地	0.15	0.03
	裸土地	4.17	0.93
	裸岩	50.75	11.37
	小计	361.77	81.01
总计		446.56	100.00

5.2.1.2　黑河下游生态环境空间分布特征

在整个黑河下游地区,未利用地和草地是两个最主要的生态环境类型(见图 5-16),其中未利用地占绝对优势,是研究区景观的基质类型[见图 5-19(a)]。耕地主要分布在鼎新地区和东河下游的额济纳旗[见图 5-19(b)]。由于受两河供水条件影响,沿东河西岸和西河东岸附近植被生长茂盛,是典型的绿洲生态景观。东河的上段和下段植被条件比中段好,西河的上段和中段比下段好。林草地主要分布在东、西河沿岸及东河下游地区,东西居延海区分别位于东西两河尾间,是内陆河流域的最低点,通过实施黑河调水,东居延海周边生态得到极大的改善,灌木、草地面积大幅提高[见图 5-19(c)、(d)];低覆盖度草地分布比较均匀[见图 5-19(d)];水域滩地基本是以河流渠系为主[见图 5-19(e)],其次为湖泊,即东居延海;城镇用地较少,主要沿河流分布。

5.2.2　生态环境变化总体情况

5.2.2.1　黑河下游生态环境变化

1.2011—2017 年变化情况

2011—2017 年的 7 年间,黑河下游地区的生态环境发生了较大的变化。耕地有所增加,从 2011 年的 43.77 万亩增加到 2017 年的 48.22 万亩,增加了 4.45 万亩;林地显著增

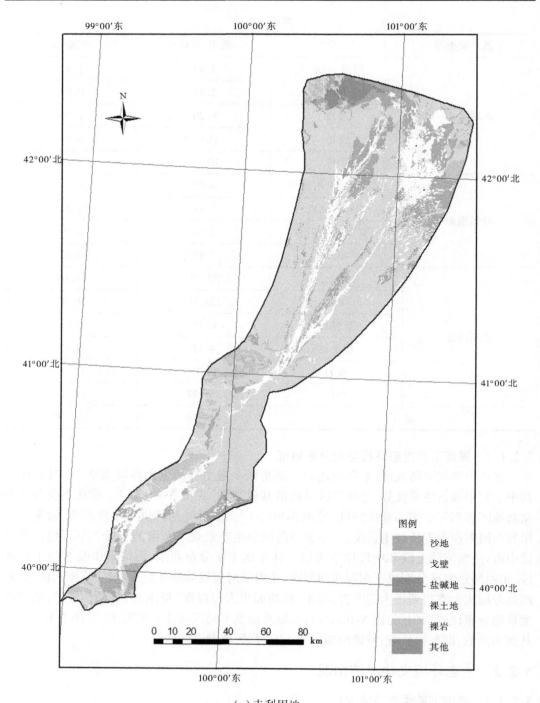

(a)未利用地

图 5-19　黑河下游 2017 年各生态环境类型空间分布格局

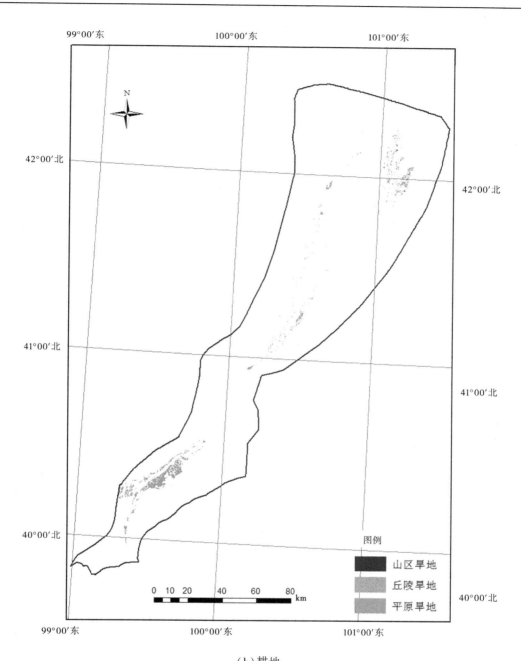

(b)耕地

续图 5-19

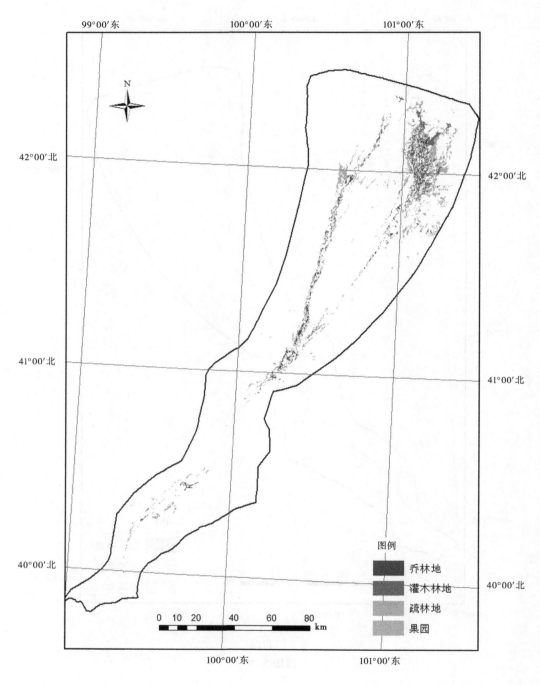

(c)林地

续图 5-19

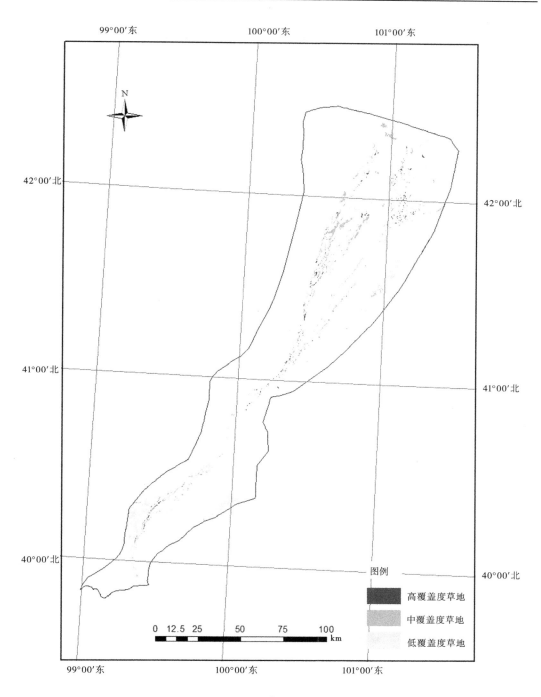

（d）草地

续图 5-19

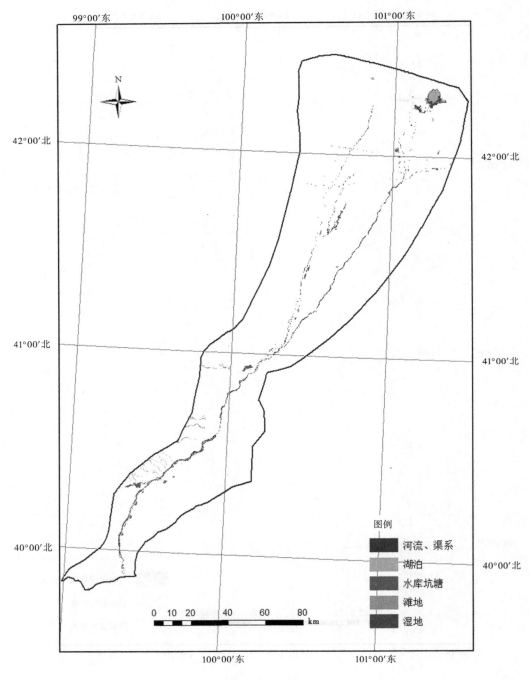

（e）水域滩地

续图 5-19

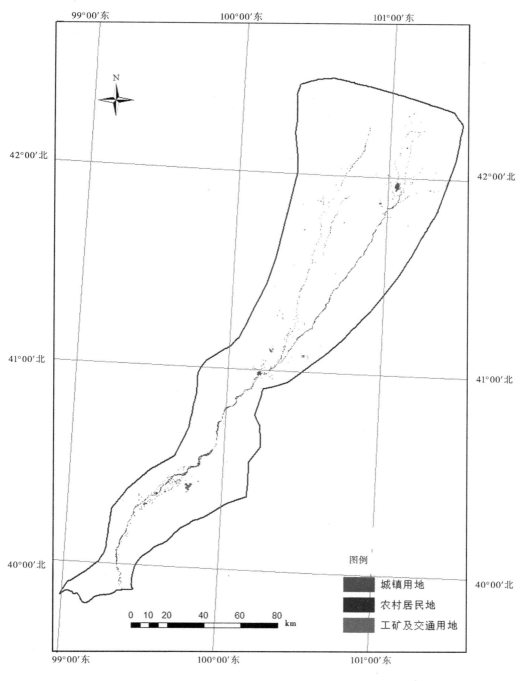

(f)城镇用地

续图 5-19

加,从 65.35 万亩增至 134.02 万亩,新增林地 68.67 万亩;草地从 2011 年的 189.05 万亩
减至 2017 年的 129.97 万亩,减少了 59.08 万亩,其中低覆盖度草地减少达 49.31 万亩,

高覆盖度草地减少了 0.28 万亩,中覆盖度草地减少了 9.49 万亩;水域滩地增加了 8.03 万亩;未利用地从 2011 年的 2 263.52 万亩减少到 2 237.65 万亩,减少了 25.87 万亩;城镇用地增加了 3.8 万亩。黑河下游 2011 年、2017 年主要生态类型变化情况见表 5-10、图 5-20、表 5-11、图 5-21 和图 5-22。

表 5-10   黑河下游 2011—2017 年主要生态环境类型变化

项目	耕地	林地	草地	水域滩地	城镇用地	未利用地
2011 年/万亩	43.77	65.35	189.05	46.43	6.37	2 263.52
2017 年/万亩	48.22	134.02	129.97	54.44	10.17	2 237.65
面积变化/万亩	4.45	68.67	−59.08	8.02	3.80	−25.87
变化幅度/%	10.18	105.10	−31.25	17.27	59.60	−1.14

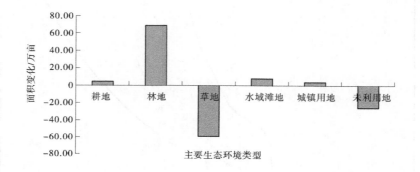

图 5-20   黑河下游 2011—2017 年主要生态环境类型面积变化

表 5-11   黑河下游 2011—2017 年二级生态环境类型变化   单位:万亩

二级类型	2011 年	2017 年	面积变化
乔木林地	19.21	15.08	−4.13
灌木林地	21.20	39.28	18.08
疏林地	24.93	79.36	54.43
果园(经济林)	0	0.30	0.30
高覆盖度草地	7.55	7.27	−0.28
中覆盖度草地	47.91	38.42	−9.49
低覆盖度草地	133.59	84.28	−49.31
河流、渠系	26.20	22.34	−3.86
湖泊	6.75	6.67	−0.08
水库坑塘	4.71	5.63	0.92
滩地	5.88	10.52	4.64
湿地	2.89	9.28	6.39

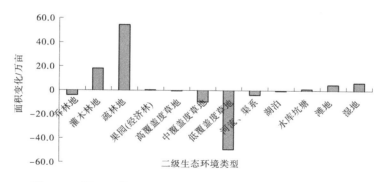

图 5-21　黑河下游 2011—2017 年二级生态环境类型面积变化

2. 2000—2017 年变化情况

2000—2017 年的 18 年间，黑河下游地区的生态环境发生了不小的变化。耕地有所增加，从 2000 年的 27.25 万亩增加到 2017 年的 48.22 万亩，增加了 20.97 万亩；林地显著增加，从 61.05 万亩增至 134.02 万亩，新增林地 72.97 万亩；草地明显较少，从 2000 年的 191.5 万亩减至 2017 年的 129.97 万亩，减少了 61.53 万亩，其中低覆盖度草地减少达51.82 万亩，高覆盖度草地减少了 0.4 万亩，中覆盖度草地减少了 9.31 万亩；水域滩地增加了 17.7 万亩；未利用地从 2000 年的 2 293.63 万亩减少到 2 237.65 万亩，减少了 55.98万亩；城镇用地增加了 4.57 万亩。黑河下游 2000 年、2017 年主要生态类型变化情况见表 5-12、表 5-13、图 5-23 和图 5-24。

表 5-12　黑河下游 2000—2017 年主要生态环境类型变化

项目	耕地	林地	草地	水域滩地	城镇用地	未利用地
2000 年/万亩	27.25	61.05	191.50	36.74	5.60	2 293.63
2017 年/万亩	48.22	134.02	129.97	54.44	10.17	2 237.65
面积变化/万亩	20.97	72.97	−61.53	17.70	4.57	−55.98
变化幅度/%	76.95	119.53	−32.13	48.19	81.65	−2.44

表 5-13　黑河下游 2000—2017 年二级生态环境类型变化　　　　　　　单位：万亩

二级类型	2000 年	2017 年	面积变化
乔木林地	17.61	15.08	−2.53
灌木林地	16.98	39.28	22.30
疏林地	26.45	79.36	52.91
果园(经济林)	0.02	0.30	0.28
高覆盖度草地	7.67	7.27	−0.40
中覆盖度草地	47.73	38.42	−9.31
低覆盖度草地	136.10	84.28	−51.82
河流、渠系	24.10	22.34	−1.76
湖泊	0	6.67	6.67
水库坑塘	4.27	5.63	1.36
滩地	7.65	10.52	2.87
湿地	0.72	9.28	8.56

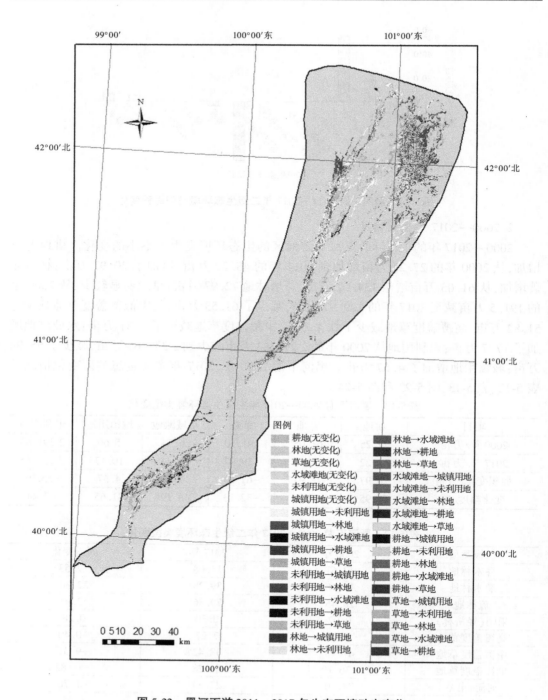

图 5-22　黑河下游 2011—2017 年生态环境动态变化

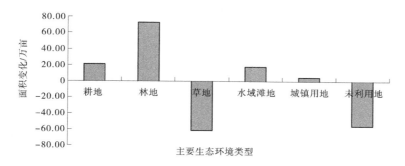

图 5-23　黑河下游 2000—2017 年主要生态环境类型面积变化

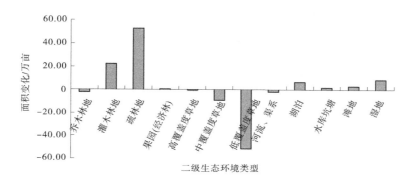

图 5-24　黑河下游 2000—2017 年二级生态环境类型面积变化

5.2.2.2　额济纳三角洲生态环境变化

1. 2011—2017 年变化情况

2011—2017 年的 7 年间,额济纳绿洲耕地从 19.70 万亩减少到 17.76 万亩,减少了 1.94 万亩;林地从 61.58 万亩增至 124.26 万亩,新增林地 62.87 万亩;草地从 162.49 万亩减至 95.87 万亩,减少了 66.61 万亩,其中低覆盖度、中覆盖度草地分别减少 54.82 万亩、10.98 万亩,高覆盖度草地减少了 0.82 万亩;水域滩地增加了 6.38 万亩;未利用地从 1 466.42 万亩减少到 1 463.68 万亩,减少了 2.74 万亩;城镇用地增加了 2.05 万亩。额济纳绿洲 2011 年、2017 年主要生态类型变化情况见表 5-14、图 5-25 和图 5-26。

表 5-14　额济纳三角洲 2011—2017 年生态环境类型变化　　　　单位:万亩

生态环境类型	二级类型	2011 年	2017 年	面积变化
耕地	平原旱地	19.70	17.76	-1.94
林地	乔林地	17.87	12.72	-5.15
	灌木林地	19.93	37.59	17.66
	疏林地	23.77	73.84	50.07
	果园(经济林)	0	0.29	0.29
	小计	61.58	124.45	62.87

续表 5-14

生态环境类型	二级类型	2011 年	2017 年	面积变化
草地	高覆盖度草地	6.90	6.08	-0.82
	中覆盖度草地	43.38	32.40	-10.98
	低覆盖度草地	112.21	57.39	-54.82
	小计	162.49	95.87	-66.61
水域滩地	河流、渠系	9.51	10.83	1.32
	湖泊	6.75	6.67	-0.08
	水库坑塘	1.49	1.41	-0.08
	滩地	2.16	0.98	-1.18
	湿地	2.02	8.41	6.39
	小计	21.93	28.31	6.38
城镇用地	城镇建设用地	1.22	1.49	0.27
	农村居民地	0.16	0.38	0.22
	工矿及交通用地	1.16	2.72	1.56
	小计	2.54	4.59	2.05
未利用地	沙地	362.67	280.08	-82.59
	戈壁	1 028.09	1 112.10	84.01
	盐碱地	45.76	40.79	-4.97
	裸土地	0.42	0.63	0.21
	裸岩	29.48	30.08	0.60
	小计	1 466.42	1 463.68	-2.74
总计		1 734.65	1 734.65	0

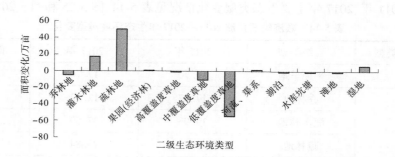

图 5-25　额济纳三角洲 2011—2017 年二级生态环境类型面积变化

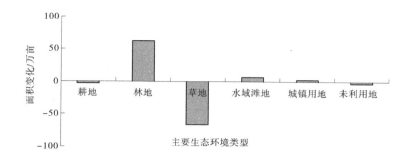

图 5-26　额济纳三角洲 2011—2017 年主要生态环境类型变化

2. 2000—2017 年变化情况

2000—2017 年的 18 年间,额济纳绿洲耕地从 10.78 万亩增加到 17.76 万亩,增加了 6.98 万亩;林地从 58.29 万亩增至 124.45 万亩,新增林地 66.16 万亩;草地从 165.67 万亩减至 95.87 万亩,减少了 69.8 万亩,其中低覆盖度、中覆盖度草地分别减少 56.42 万亩、12.68 万亩,高覆盖度草地减少了 0.7 万亩;水域滩地增加了 17.78 万亩;未利用地从 1 488.28 万亩减少到 1 463.68 万亩,减少了 24.6 万亩;城镇用地增加了 2.62 万亩。额济纳绿洲 2000 年、2017 年主要生态类型变化情况见表 5-15、图 5-27 和图 5-28。

表 5-15　额济纳三角洲 2000—2017 年生态环境类型变化　　　　　单位:万亩

生态环境类型	二级类型	2000 年	2017 年	面积变化
耕地	平原旱地	10.78	17.76	6.98
林地	乔林地	16.67	12.72	-3.95
	灌木林地	16.23	37.59	21.36
	疏林地	25.39	73.84	48.45
	果园(经济林)	0	0.29	0.29
	小计	58.29	124.45	66.16
草地	高覆盖度草地	6.78	6.08	-0.70
	中覆盖度草地	45.08	32.40	-12.68
	低覆盖度草地	113.81	57.39	-56.42
	小计	165.67	95.87	-69.80
水域滩地	河流、渠系	7.89	10.83	2.94
	湖泊	0	6.67	6.67
	水库坑塘	0.23	1.41	1.18
	滩地	2.33	0.98	-1.35
	湿地	0.07	8.41	8.34
	小计	10.53	28.31	17.78

续表 5-15

生态环境类型	二级类型	2000 年	2017 年	面积变化
城镇用地	城镇建设用地	0.73	1.49	0.76
	农村居民地	0.08	0.38	0.30
	工矿及交通用地	1.17	2.72	1.55
	小计	1.97	4.59	2.62
未利用地	沙地	368.35	280.08	−88.27
	戈壁	1 037.29	1 112.10	74.81
	盐碱地	52.70	40.79	−11.91
	裸土地	0.46	0.63	0.17
	裸岩	29.47	30.08	0.61
	小计	1 488.28	1 463.68	−24.60
总计		1 735.52	1 734.65	−0.87

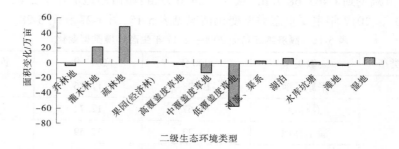

图 5-27　额济纳三角洲 2000—2017 年二级生态环境类型面积变化

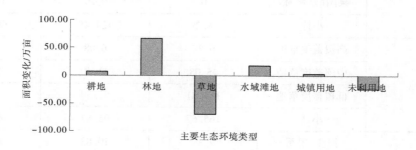

图 5-28　额济纳三角洲 2000—2017 年主要生态环境类型变化

5.2.2.3　鼎新地区生态环境变化

1. 2011—2017 年变化情况

2011—2017 年的 7 年间,鼎新的耕地从 21.72 万亩增加到 29.52 万亩,增加了 7.79 万亩;林地从 1.39 万亩增至 5.89 万亩,新增林地 4.50 万亩,乔木林地、灌木林地和疏林地增加面积分别为 0.80 万亩、0.32 万亩和 3.37 万亩;草地从 21.27 万亩增加至 28.55 万亩,增加了 7.28 万亩,其中低覆盖度、中覆盖度和高覆盖度草地分别增加了 4.94 万亩、1.86 万亩和 0.48 万亩;水域滩地减少了 1.25 万亩;未利用地从 2011 年的 381.53 万亩减少到 361.78 万亩,减少了 19.76 万亩;城镇用地增加了 1.43 万亩。鼎新地区 2011 年、2017 年主要生态类型变化情况见表 5-16、图 5-29 和图 5-30。

表 5-16　鼎新地区 2011—2017 年二级生态环境类型变化　　　单位:万亩

生态环境类型	二级类型	2011 年	2017 年	面积变化
耕地	平原旱地	21.72	29.52	7.79
林地	乔林地	0.29	1.09	0.80
	灌木林地	0.47	0.79	0.32
	疏林地	0.64	4.01	3.37
	小计	1.39	5.89	4.50
草地	高覆盖度草地	0.25	0.72	0.48
	中覆盖度草地	3.01	4.87	1.86
	低覆盖度草地	18.01	22.96	4.94
	小计	21.27	28.55	7.28
水域滩地	河流、渠系	12.30	7.02	-5.28
	水库坑塘	1.84	2.81	0.96
	滩地	2.93	6.20	3.27
	湿地	0.87	0.67	-0.20
	小计	17.94	16.69	-1.25
城镇用地	城镇建设用地	0.02	0.05	0.04
	农村居民地	1.14	1.44	0.30
	工矿及交通用地	1.55	2.64	1.09
	小计	2.70	4.13	1.43
未利用地	沙地	94.81	83.44	-11.38
	戈壁	241.27	223.26	-18.01
	盐碱地	0.88	0.15	-0.73
	裸土地	0.16	4.17	4.01
	裸岩	44.41	50.75	6.34
	小计	381.53	361.78	-19.76
总计		446.56	446.56	0

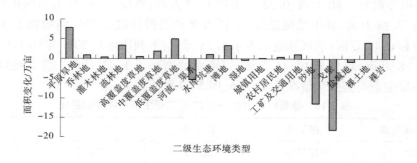

图 5-29　鼎新地区 2011—2017 年二级生态环境类型面积变化

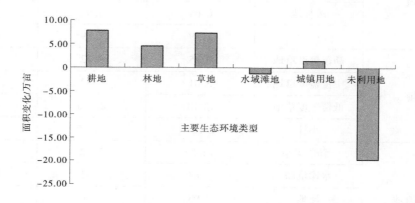

图 5-30　鼎新地区 2011—2017 年主要生态环境类型变化

2. 2000—2017 年变化情况

2000—2017 年的 18 年间,鼎新的耕地从 14.46 万亩增加到 29.52 万亩,增加了 15.06 万亩;林地从 0.97 万亩增至 5.89 万亩,新增林地 4.92 万亩,乔木林地、灌木林地和疏林地增加面积分别为 0.83 万亩、0.69 万亩和 3.4 万亩;草地从 21.76 万亩增加至 28.55 万亩,增加了 6.79 万亩,其中低覆盖度、中覆盖度和高覆盖度草地分别增加了 3.51 万亩、3.09 万亩和 0.19 万亩;水域滩地减少了 3.3 万亩;未利用地从 2000 年的 387.03 万亩减少到 361.78 万亩,减少了 25.25 万亩;城镇用地增加了 1.55 万亩。鼎新地区 2000 年、2017 年主要生态类型变化情况见表 5-17、图 5-31 和图 5-32。

5.2.3　生态环境变化转移矩阵分析

5.2.3.1　额济纳三角洲生态环境转移矩阵分析

从额济纳旗生态环境类型转换矩阵(见表 5-18)和景观变化图(见图 5-33)可以看出,耕地减少 1.94 万亩,主要转变为林地和草地(见图 5-34),分别为 3.39 万亩、1.94 万亩。

水域滩地显著增加(见图 5-35、图 5-36),2011—2017 年增加了 6.38 万亩,新增的水域滩地主要来自未利用地和草地,面积分别为 4.91 万亩和 3.69 万亩。

表 5-17　鼎新地区 2000—2017 年二级生态环境类型变化　　　　单位:万亩

生态环境类型	二级类型	2000 年	2017 年	面积变化
耕地	平原旱地	14.46	29.52	15.06
林地	乔林地	0.26	1.09	0.83
	灌木林地	0.10	0.79	0.69
	疏林地	0.61	4.01	3.40
	果园(经济林)	0.02	0	−0.02
	小计	0.97	5.89	4.92
草地	高覆盖度草地	0.53	0.72	0.19
	中覆盖度草地	1.78	4.87	3.09
	低覆盖度草地	19.45	22.96	3.51
	小计	21.76	28.55	6.79
水域滩地	河流、渠系	13.28	7.02	−6.26
	水库坑塘	2.57	2.81	0.24
	滩地	3.49	6.20	2.71
	湿地	0.65	0.67	0.02
	小计	19.99	16.69	−3.30
城镇用地	城镇建设用地	0.02	0.05	0.04
	农村居民地	1.11	1.44	0.33
	工矿及交通用地	1.45	2.64	1.19
	小计	2.58	4.13	1.55
未利用地	沙地	98.88	83.44	−15.44
	戈壁	242.97	223.26	−19.71
	盐碱地	0.56	0.15	−0.41
	裸土地	0.18	4.17	3.99
	裸岩	44.44	50.75	6.31
	小计	387.03	361.78	−25.25
总计		446.79	446.56	−0.23

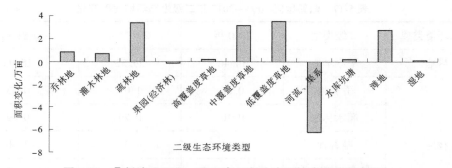

图 5-31　鼎新地区 2000—2017 年二级生态环境类型面积变化

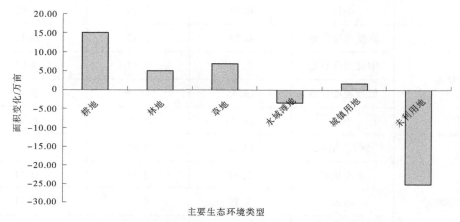

图 5-32　鼎新地区 2000—2017 年主要生态环境类型变化

林地面积增加 62.87 万亩,增加的林地主要来自草地和未利用地,面积分别为 56.64 万亩和 15.22 万亩,新增的林地主要位于额济纳旗东河沿岸的绿洲区(见图 5-37)。

草地面积总体减少,从 2011 年的 162.49 万亩减少到 2017 年的 95.87 万亩,减少了 66.61 万亩。草地减少的原因:一是由于黑河分水的实施使得额济纳绿洲地表水和地下水环境整体好转,部分草地转换为灌木林地(草地转林地 56.64 万亩)(见图 5-38);二是由于大面积的草地转变为未利用地(38.96 万亩)。

表 5-18　额济纳三角洲 2011—2017 年生态环境类型转移矩阵　　　　单位:万亩

项目	耕地	林地	草地	水域滩地	城镇用地	未利用地	转移量
耕地	13.85	3.39	1.94	0.10	0.11	0.31	-1.94
林地	1.54	47.50	8.53	1.86	0.39	1.76	62.87
草地	1.75	56.64	61.12	3.69	0.33	38.96	-66.61
水域滩地	0.04	1.62	1.92	17.73	0	0.63	6.38
城镇用地	0.08	0.09	0.03	0.02	2.05	0.28	2.05
未利用地	0.51	15.22	22.33	4.91	1.71	1 421.75	-2.74

注:横向为 2011 年,纵向为 2017 年。

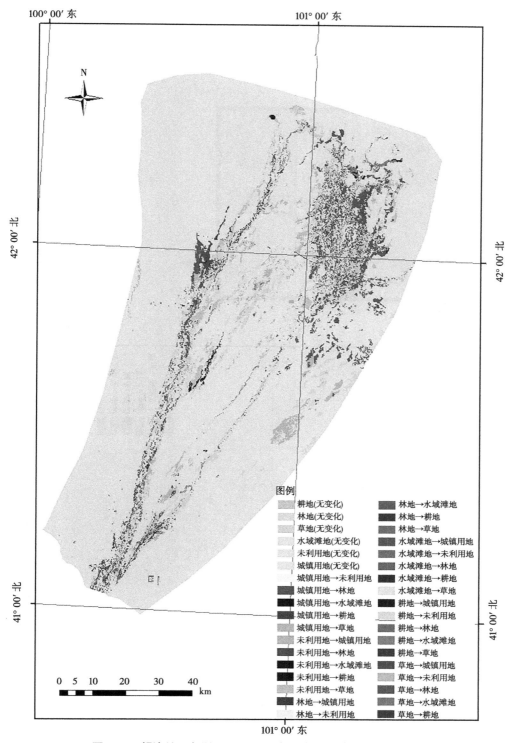

图 5-33　额济纳三角洲 2011—2017 年生态环境动态变化图

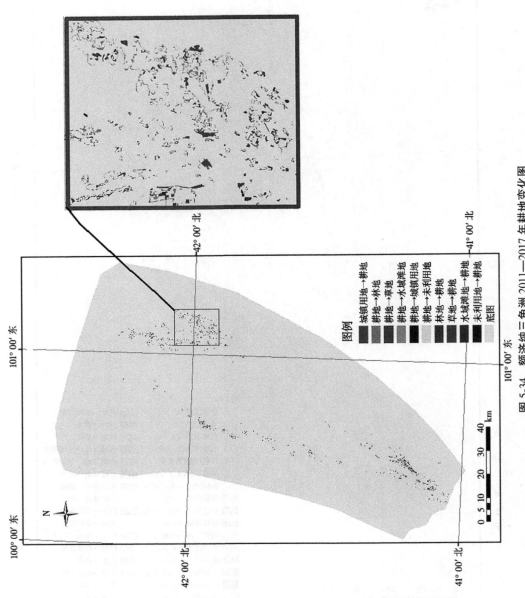

图 5-34　额济纳三角洲 2011—2017 年耕地变化图

图例

城镇用地→耕地
耕地→林地
耕地→草地
耕地→水域滩地
耕地→城镇用地
耕地→未利用地
林地→耕地
草地→耕地
水域滩地→耕地
未利用地→耕地
底图

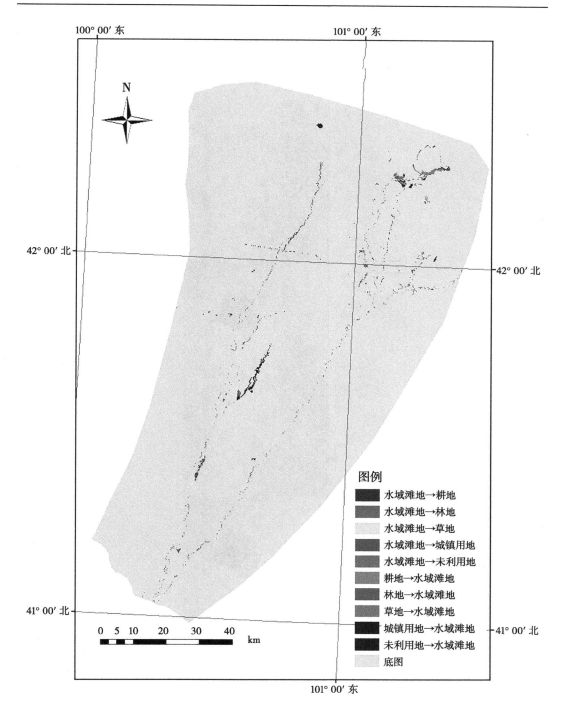

图 5-35　额济纳三角洲 2011—2017 年水域滩地变化图

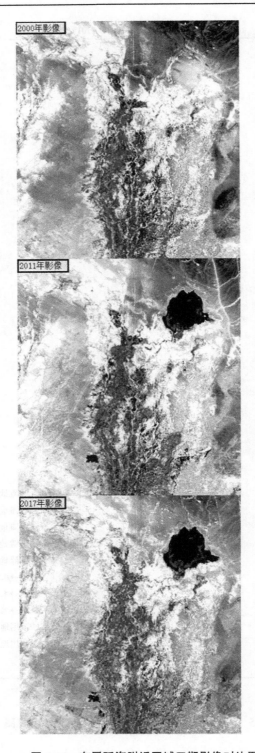

图 5-36 东居延海附近区域三期影像对比图

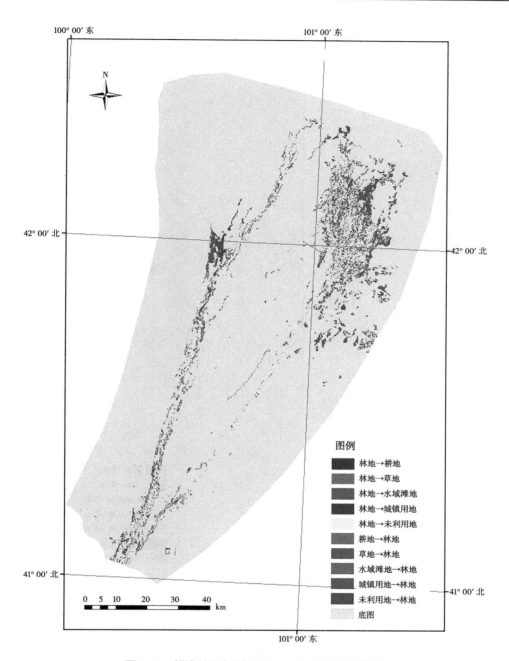

图 5-37　额济纳三角洲 2011—2017 年林地变化图

5.2.3.2　鼎新地区生态环境转移矩阵分析

景观变化见图 5-39,鼎新地区生态环境类型转移矩阵见表 5-19。从生态环境类型转移矩阵和景观变化图可以看出,耕地增加 7.79 万亩,增加的耕地面积主要来自草地和未利用地,分别为 2.52 万亩和 6.50 万亩。新增耕地主要分布在黑河东岸的绿洲边缘(见图 5-40、图 5-41)。

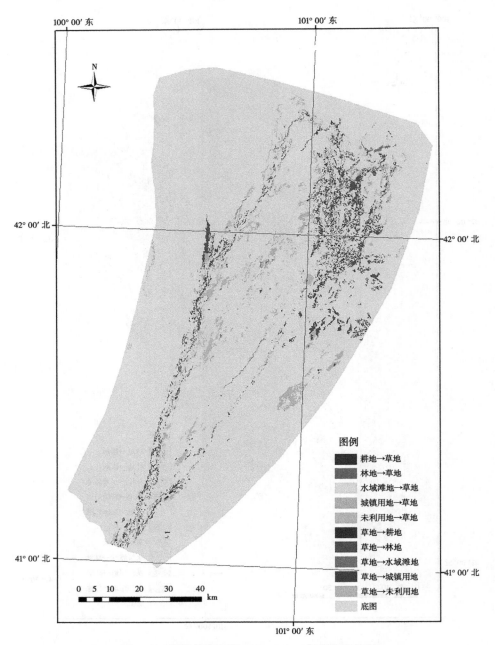

图 5-38　额济纳三角洲 2011—2017 年草地变化图

　　水域滩地减少了 1.25 万亩,水域滩地主要转变为草地,面积为 3.77 万亩,同期草地和未利用地转变为水域滩地的面积分别为 1.89 万亩和 1.11 万亩。可见水域滩地的减少实际是由于水分条件变好,大面积水域滩地转变为草地(见图 5-42)。

　　草地面积增加了 7.28 万亩,草地增加的主要是由水域滩地和未利用地转变而来的,而草地减少的是转变为耕地(见图 5-43)。

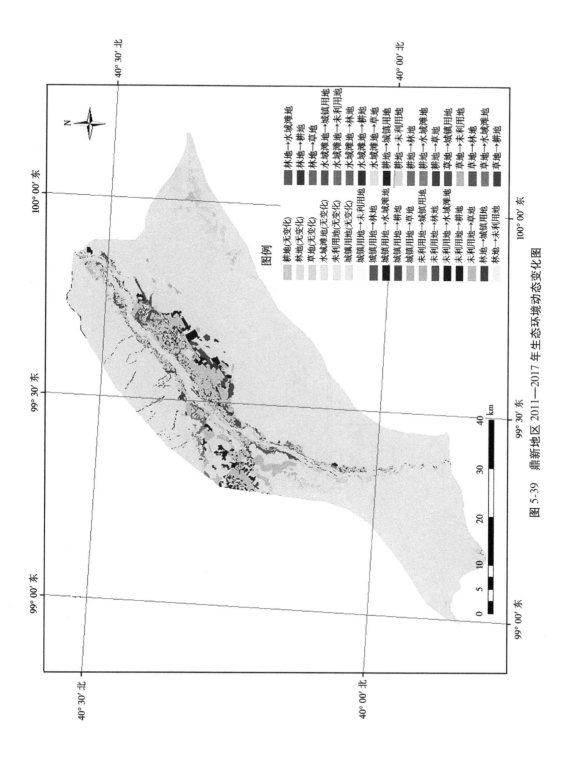

图 5-39　鼎新地区 2011—2017 年生态环境动态变化图

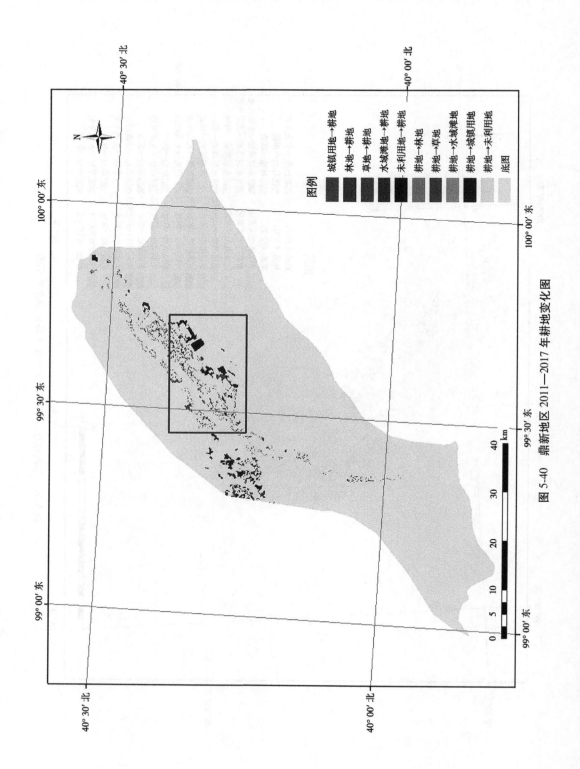

图 5-40 鼎新地区 2011—2017 年耕地变化图

图例

城镇用地→耕地
林地→耕地
草地→耕地
水域滩地→耕地
未利用地→耕地
耕地→林地
耕地→草地
耕地→水域滩地
耕地→城镇用地
耕地→未利用地
底图

表 5-19 鼎新地区 2011—2017 年生态环境类型转移矩阵　　　　　　　单位:万亩

项目	耕地	林地	草地	水域滩地	城镇用地	未利用地	转移量
耕地	19.96	0.30	0.56	0.04	0.62	0.25	7.79
林地	0.10	0.47	0.62	0.12	0.06	0.03	4.50
草地	2.52	1.85	13.81	1.89	0.31	0.89	7.28
水域滩地	0.10	0.17	3.77	13.52	0.01	0.37	−1.25
城镇用地	0.34	0.09	0.03	0.02	2.13	0.10	1.43
未利用地	6.50	3.02	9.76	1.11	1.00	360.13	−19.76

注:横向为 2011 年,纵向为 2017 年。

图 5-41 鼎新地区 2000—2017 年主要扩耕区域三期遥感影像对比图

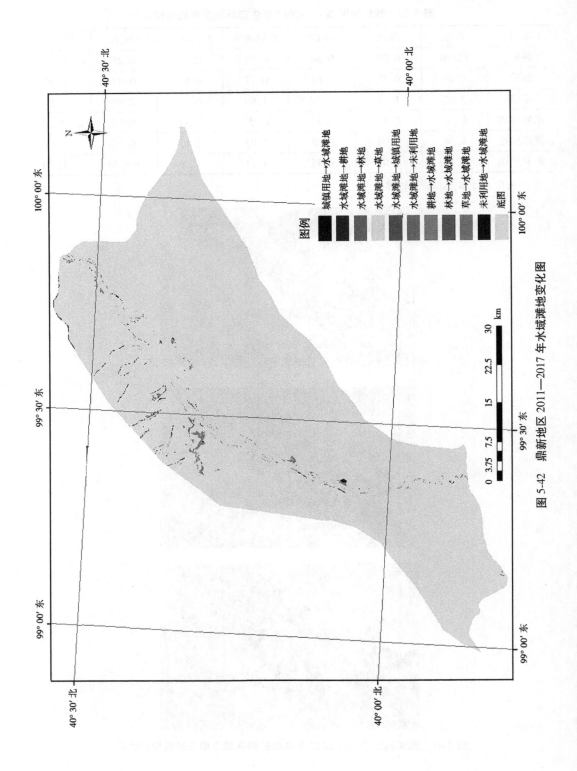

图 5-42　鼎新地区 2011—2017 年水域滩地变化图

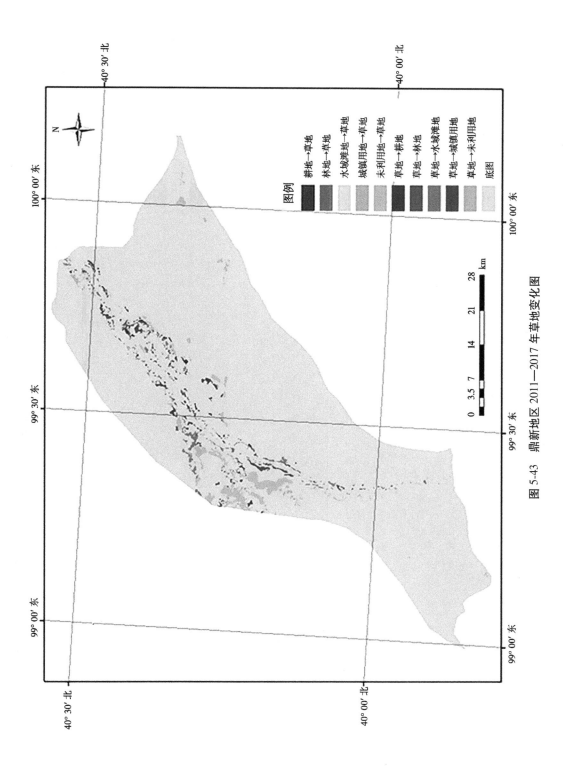

图 5-43　鼎新地区 2011—2017 年草地变化图

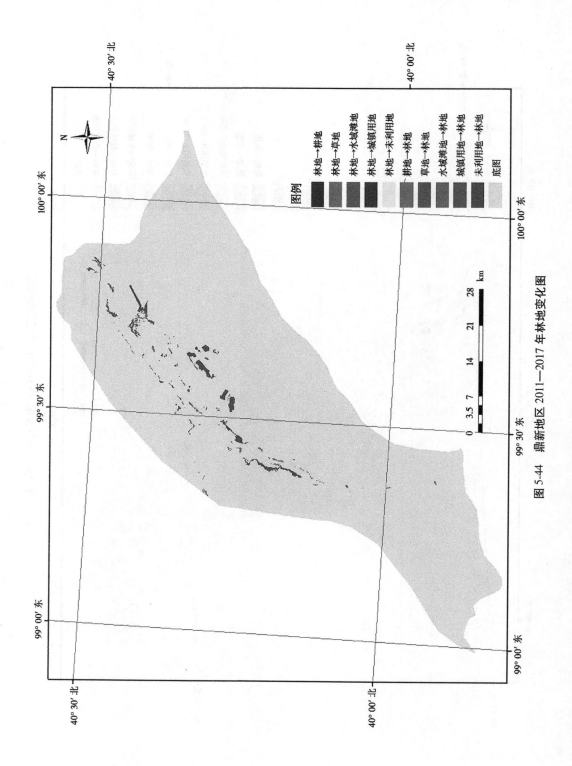

图 5-44 鼎新地区 2011—2017 年林地变化图

5.3 黑河中下游生态环境的景观变化分析

5.3.1 类型水平上的景观变化分析

5.3.1.1 景观面积、斑块数量和密度分析

从表 5-20 中可以看出,在黑河中游地区,最大的景观类型为未利用地、耕地和草地。在 2011—2017 年,耕地、水域滩地和未利用地有所减少,其他类型比例均有不同程度的提高。在下游地区,占主要优势的景观类型是未利用地、林地和草地,其中未利用地和草地减少,而其他类型都有所增加。

从斑块数目(NP)看,中游地区的城镇用地斑块个数最多,并且增量最大。同时,斑块密度也最大;下游地区林地和草地斑块个数最多,远远超出其他类型。此外,中游林地斑块增加比较显著,与中游植树造林、提高绿化程度有关;下游水域斑块增加比较显著,与 7 月水量减少、滩地出露有关系。

最大斑块指数(LPI)是各类型中的最大斑块面积与景观总面积之比的百分数,可用其量化类型水平上最大斑块占整个景观的比例,是一种简单的优势度衡量法。在中游,未利用地、耕地和草地的 LPI 最大;在下游,未利用地和林地的 LPI 最大。从变化趋势上来看,中游地区未利用地的 LPI 变化量最大,从 2011 年的 29.96% 减少到 2017 年的 20.71%;其次是草地和城镇用地,草地从 2011 年的 3.03% 增加到 2017 年的 10.27%,城镇用地从 2011 年的 0.19% 增加到 2017 年的 0.5%,;其他类型变化很小。未利用地的 LPI 降低,表明连片面积上在缩小、空间上被分割,在景观中的优势有所减少。草地在中游地区面积上呈增加、空间上呈连片的趋势。城镇用地的 LPI 增加是由于经济发展,人口增加,城市化进程加快,导致斑块面积扩大,并趋于成片成团的分布。而在下游,未利用地的 LPI 远远大于其他类型,达 79.15%,林地为 1.92%,其他都低于 1%,表明未利用地是下游地区景观的基质类型。耕地、林地的 LPI 增加,草地、水域滩地和未利用地的 LPI 减少,城镇用地的 LPI 不变,说明耕地、林地的斑块面积扩大,在景观中的优势增加。草地、水域滩地、未利用地的面积在缩小、空间上被分割。

表 5-20 黑河中下游地区 2011—2017 年景观在斑块类型级别上的景观指标

指标	年份	耕地	林地	草地	水域滩地	城镇用地	未利用地
黑河中游地区							
CA/万亩	2011	357.44	19.70	141.02	63.09	24.41	794.04
	2017	354.45	43.65	427.53	52.75	55.95	464.70
PLAND/%	2011	25.54	1.41	10.07	4.51	1.74	56.73
	2017	25.34	3.12	30.56	3.77	4.00	33.22
NP	2011	401.00	210.00	714.00	232.00	3 426.00	369.00
	2017	861.00	1 818.00	1 207.00	705.00	7 036.00	429.00

续表 5-20

指标	年份	耕地	林地	草地	水域滩地	城镇用地	未利用地
PD/ （个/万亩）	2011	0.01	0	0.01	0	0.06	0.01
	2017	0.09	0.19	0.13	0.08	0.75	0.05
LPI/%	2011	11.45	0.18	3.03	1.11	0.19	29.96
	2017	11.29	0.31	10.27	0.99	0.50	20.71
PAFRAC	2011	1.42	1.42	1.35	1.79	1.45	1.36
	2017	1.32	1.36	1.34	1.45	1.30	1.28
AI/%	2011	97.17	93.41	95.65	89.73	82.71	98.90
	2017	95.85	90.55	97.73	90.82	84.56	99.04
IJI/%	2011	87.16	84.22	78.11	74.20	17.76	80.53
	2017	84.67	77.66	89.48	75.23	47.37	90.07
COHESION	2011	99.88	98.07	99.09	99.32	92.02	99.91
	2017	99.89	97.72	99.82	99.12	94.12	99.80
黑河下游地区							
CA/万亩	2011	43.80	65.37	189.18	46.44	6.38	2 264.61
	2017	48.23	134.02	129.96	54.47	10.17	2 237.64
PLAND/%	2011	1.67	2.50	7.23	1.78	0.24	86.57
	2017	1.84	5.13	4.97	2.08	0.39	85.59
NP	2011	483.00	1 081.00	1 597.00	113.00	215.00	914.00
	2017	660.00	1 171.00	1 711.00	497.00	727.00	889.00
PD/ （个/万亩）	2011	0	0.01	0.01	0	0	0.01
	2017	0.04	0.07	0.10	0.03	0.04	0.05
LPI/%	2011	0.31	0.20	0.27	1.19	0.05	79.65
	2017	0.66	1.92	0.18	0.91	0.05	79.15
PAFRAC	2011	1.38	1.58	1.51	1.57	1.41	1.42
	2017	1.34	1.38	1.36	1.43	1.24	1.36
AI/%	2011	94.46	89.28	92.00	93.02	91.57	99.37
	2017	93.87	93.23	92.04	92.87	89.89	99.41
IJI/%	2011	90.87	74.65	64.31	73.67	76.55	58.30
	2017	85.41	76.02	75.21	70.88	77.70	75.61
COHESION	2011	98.58	97.76	98.59	99.75	96.46	99.99
	2017	99.02	99.49	98.17	99.53	94.81	99.99

5.3.1.2　斑块类型分维分析

分维数(PAFRAC)用于度量斑块或景观类型的复杂程度,对于具有分形结构的景观,其缀块性在不同程度上表现出很大的相似性,如果分维数在某一尺度域上不变,那么该景观在这一尺度范围可能具有结构的自相似性。分维数大小反映了人类活动对景观的影响,一般为 1~2。分维数越接近 1,斑块的自相似性越强,斑块形状越有规律。斑块的几何形状越趋于简单,说明斑块受人为干扰的程度越大。中游地区所有地类的分维数减少,说明所有景观类型的斑块形状朝简单、规则方向变化,受干扰程度更加强烈。下游地区水域滩地的分维数最大,城镇用地分维数值最低,说明城镇用地在人类的强烈干预之下,形状规则、简单。在变化趋势上,上、下游地区的所有地类分维数减少,表明所有地类的斑块形状趋于简单,受人类活动影响较大。

5.3.1.3　聚集度和分离度分析

聚集度指数(AI)反映景观中不同斑块类型的非随机性和聚集程度,可反映景观组分的空间配置特征。如果一个景观由许多离散的小斑块组成,其聚集度的值越小;当景观中以少数大斑块为主或同一类型斑块高度连接时,聚集度的值则越大。在中游地区,未利用地的聚集度 AI 值最大,其次是草地,城镇用地的聚集度 AI 值最小,说明未利用地的斑块相对较大,城镇用地的斑块相对分散破碎。下游地区同样是未利用地的聚集度 AI 值最大,其次是耕地、林地、水域滩地、草地,城镇用地的聚集度 AI 最小。从变化趋势看,中游地区的草地、城镇用地 AI 值均有较大的增加;下游地区的林地 AI 值有较大的增加,说明下游地区林地的聚集度增加最为显著,表明下游林地斑块分布更加集中,有不断连片的趋势。中游地区林地、耕地的聚集度下降明显,是由于林地、耕地破碎化的结果。

散布与并列指数 IJI 是描述景观分离度的指数之一,其取值越小,说明与该景观类型相邻的其他类型越少,当 IJI = 100 时,说明该类型与其他所有类型完全、等量、相邻。在中游地区,城镇用地的 IJI 最低,邻接类型最少。中游的未利用地 IJI 最高,下游的耕地 IJI 最高,说明耕地的空间邻接分布复杂,相邻景观类型最多。

5.3.1.4　连通性分析

斑块结合度指数(COHESION)是对各斑块类型的物理连通性的描述。无论是中游地区还是下游地区,城镇用地的 COHESION 最低,说明城镇用地的分布则相对分散,空间连接性较低;中游耕地的 COHESION 最高,说明耕地是下游主要的景观类型,连通性最好;下游未利用地的 COHESION 最高,说明未利用地是下游最主要的景观类型,连通性最好。

从变化趋势来看,在中游地区耕地的连通性没发生变化,林地、水域滩地和未利用地的连通性降低,草地和城镇用地的连通性有所增加;下游地区未利用地的连通性无变化,耕地、林地的连通性增大,草地、水域滩地、城镇用地连通性降低,其中城镇用地降低显著。这是其他类型零星土地转化为耕地、林地,而城镇用地被支离破碎的结果。

5.3.2　景观水平上的景观变化分析

在景观水平上,中游斑块个数和斑块平均面积 AREA_MN 的显著增加(见表 5-21)说明中游的景观更为破碎;景观形状指数 LSI 在中游显著增加,而在下游减少。景观分维数 PAFRAC 下游大于中游,并且中、下游都有所下降。可见,中游受人为影响更为剧烈,斑块形状较为简单,下游景观较中游破碎,并且受人为影响加大,景观形状趋于简单。聚集度指数 AI 在中游有所降低,但在下游有所增加,说明斑块在下游呈聚集发展,而在中游呈分散发展。蔓延度指数 CONTAG 在下游较高,且有所降低,是由于下游地区景观要素类型空间分布不均衡,未利用地占绝对优势并且比例有所下降,其他斑块类型的优势度增加,景观更加破碎。香农多样性指数 SHDI 和香农均匀度指数 SHEI 在中、下游地区均增加,说明了景观多样性水平提高,异质性增加,景观中斑块优势度在减少,斑块类型在景观中趋于均匀分布,生态环境向着多样化和均匀化方向发展。

表 5-21　黑河中下游地区 2011—2017 年景观在景观级别上的景观指标

年份	NP/个	AREA-MN/万亩	LPI/%	LSI	PAFRAC	AI	CONTAG/%	SHDI	SHEI
黑河中游									
2011	5 352.00	0.26	29.96	44.59	1.41	97.36	63.33	1.17	0.65
2017	12 056.00	0.46	20.71	55.63	1.33	96.68	55.04	1.44	0.80
黑河下游									
2011	4 403.00	0.59	79.65	37.60	1.49	98.37	81.90	0.56	0.31
2017	5 655.00	0.46	79.15	35.96	1.35	98.45	80.55	0.61	0.34

第 6 章　黑河中下游植被指数及覆盖度变化分析

6.1　植被指数及覆盖度计算

本书项目植被指数及覆盖度处理与分析流程见图 6-1,包括数据下载、影像数据的拼接与重投影、质量检验、对研究区范围的裁剪、NDVI 生长季最大值的合成、NDVI 时间序列的分析、基于 NDVI 计算生长季 VFC、对 VFC 分级统计面积及其百分比,最后对 NDVI 和 VFC 时间序列进行分析。

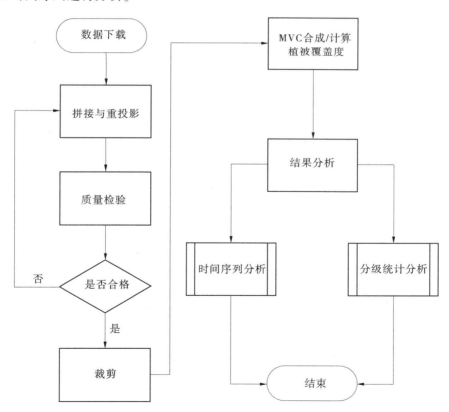

图 6-1　植被指数及覆盖度处理与分析流程

6.1.1　数据下载

在 https://ladsweb. modaps. eosdis. nasa. gov/网站下载 MOD13Q1 影像数据。由于本

书研究区域涉及行列号为 h25v04 和 h25v05 的两景影像,同时根据需求选取生长季(7—8月)影像数据作为该年份计算归一化植被指数 NDVI 和植被覆盖度 VFC 的基础数据,生长季对应第 193 天、209 天、225 天、241 天影像,故每年收集 4 期、8 景影像,2000—2017 年共收集 144 景影像数据。

6.1.2　拼接与重投影

由于研究范围位于行列号为 h25v04、h25v05 的两景影像中间,且原始数据的投影方式为正弦投影,因此需要对下载好的图像进行拼接与重投影,使其成为采用艾尔伯斯等面积投影方式的一整幅图像。这两步操作均可使用 MRT 批处理工具进行处理。首先打开ModisTool. bat 对相应参数进行设置,生成批处理时的模板文件 MOD13Q1. prm,然后将批处理代码放入 txt 文件中,修改对应参数,将文件后缀名改为 . bat,运行。

批量拼接代码、批量重投影代码如图 6-2、图 6-3 所示。

```
set MRT_DATA_DIR=E:\MODISTOOLS\MRT\data
set /a DAY=2009001
set /a DEADLINE=2009353
:start
if %DAY% leq %DEADLINE% (goto ORDER) else exit
:ORDER
dir *%DAY%.*.hdf/a/b/s > MOSAICINPUT.TXT
E:/MODISTOOLS/MRT/bin/mrtmosaic.exe -i MOSAICINPUT.TXT -s "1 0 0 0 0 0 0 0 0 0 0 0" -o MOSAIC_TMP_%DAY%.hdf
copy MOSAIC_TMP_%DAY%.hdf  Result & del MOSAIC_TMP_%DAY%.hdf
del *%DAY%.*.hdf
set /a DAY= %DAY% + 16
goto start
```

图 6-2　批量拼接代码

```
set MRT_DATA_DIR=E:\MODISTOOLS\MRT\data
for %%i in (*.hdf) do resample.exe -p MOD16DAY.prm -i %%i -o %%iout.tif
pause
```

图 6-3　批量重投影代码

6.1.3　质量检验

由于下载的影像数据 MOD13Q1 原始数据集 DN 的取值范围在(-10 000,10 000),因此需要通过 IDL 编程对每一年影像数据的 NDVI 数值进行处理,使其变为 NDVI 标准值[-1,1],同时去除对本次研究来说不必要的数值。若经过质量检验的图像符合规范,则进行下一步,否则返回之前的步骤,查找出错原因并修改。本次研究为了提高质量检验的速度与精度,在质量检验前先进行了带有项目区域外接矩形的裁剪。

质量检验代码片段如图 6-4 所示。

6.1.4　裁剪

将质量检验合格的影像数据输入 ArcMap 中,使用 ArcMap 的 clip 工具,批量化裁剪影像数据。黑河流域中游农田灌溉用水量比较大,导致下游部分月份无水,因此本次研究对中、下游分别进行分析,裁剪时将整幅影像裁剪为中游区域和下游区域。

```
envi_batch_init

outputdir_lst='F:\2014'
temp_dir='F:\temp'

; ;--------------------1.search PDI, NDVI,LST files---------------
files_lst=file_search(outputdir_lst,'*.tif',count=count_qa)

for qa_index=0,count_qa-1 do begin
  ;LST value in the range (7500,16150) 16150*0.02-273=50 or else it will be replaced by the fill value -2.0
  lst_qa_outname_temp=replace_string(files_lst[qa_index],'NDVI.tif','NDVI_temp.tif')
  lst_qa_outname=replace_string(files_lst[qa_index],'NDVI.tif','NDVI_valid.tif')

  ;envi_open_file 根据文件名获取文件指针 fid
  envi_open_file,files_lst[qa_index],r_fid = fid_lst
  ;envi_file_query 根据文件指针获取影像行列等信息 dims
  envi_file_query,fid_lst,dims=dims

  ;ENVI中 bandmath 需要中的表达式
  exp_lst='b1*0.0001*(b1 ge -3000 and b1 le 10000)+(-2)*(b1 lt -3000 or b1 gt 10000)'

  ;pos是波段. 例如NDVI或EVI只有一个波段. 那么pos=[0]
  envi_doit,'math_doit',dims=dims,pos=[0],fid=fid_lst,exp=exp_lst,$
  out_name=lst_qa_outname_temp,r_fid=fid_lst_qa

  ;将ENVI矢量影像格式转化为GeoTiff格式——.tif
  envi_file_query,fid_lst_qa,dims=dims,nb=nb
  ENVI_OUTPUT_TO_EXTERNAL_FORMAT,dims=dims,fid=fid_lst_qa,$
  out_name=lst_qa_outname,pos=lindgen(nb),/TIFF

  ;删除文件指针. 保存内存
  envi_file_mng,id=fid_lst,/remove
  envi_file_mng,id=fid_lst_qa,/remove,/delete

endfor
```

图 6-4　质量检验代码

6.1.5　MVC 法合成

ENVI 的 Band Math 工具是一个灵活的图像处理工具,可以由用户自定义处理算法,应用到 ENVI 打开波段的整个图像中,其实质是对每一个像素对应的像素值进行数学运算。

本书主要目的之一是研究黑河流域中下游区域 NDVI 的值在年际之间的变化,因此需要将 16 日一次的 MOD13Q1 影像数据进行合成,将每年生长季的 4 张影像数据的 NDVI 值利用 MVC 法合成为生长季最大值,采用 ENVI 的 Band Math 工具进行运算,运算公式如下:b1>b2>b3>b4,见图 6-5。

本书研究采用数据为 16 d 一合成,因此不能简单地用两张图合为一个月,而是采用天数计算的方法,如前 31 d 图像作为第一个月,第 32~59 天数据作为第二个月……依此类推,第 193 天、第 209 天图像作为 7 月数据,第 225 天、第 241 天图像作为 8 月数据。

6.1.6　结果分析

通过 ENVI 自带的 Quick Stats 方法,统计经过 MVC 法合成后的图像,来取得整幅图像的均值,以此作为该年份 NDVI 的生长季最大值,形成时间序列预测分析的相关图表,并在量的方面对其进行分析。

6.1.7　植被覆盖度计算

通过 ENVI 对生长季 NDVI 数据进行掩膜处理,对掩膜后的文件计算植被覆盖区域影

图 6-5　Band Math 运算工具

像数据的最大值为 $NDVI_{veg}$,裸地区域影像数据的最小值为 $NDVI_{soil}$。再通过 ENVI 的 Band Math 功能输入公式计算得到生长季植被覆盖度 VFC(见图 6-6)。本次研究根据实际情况和需求,通过 ArcMap 对植被覆盖度进行分级并统计各级面积及占比,形成时间序列预测分析的相关图表,并对其进行分析。

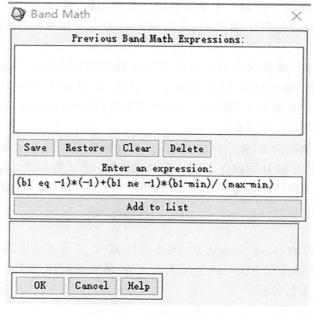

图 6-6　Band Math 运算工具

6.2　植被指数年际变化分析

6.2.1　2000—2011 年

6.2.1.1　黑河中游

本节采用包含趋势线的散点图来反映黑河流域中游 2000—2011 年 NDVI 的变化情况(见图 6-7)。

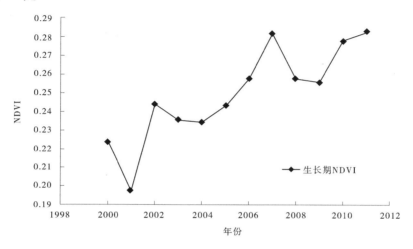

图 6-7　2000—2011 年黑河中游 NDVI 变化曲线

如图 6-7 所示,2000—2011 年黑河中游 NDVI 呈现渐进式增长趋势,趋势线斜率为正,说明从整体上看 2000—2011 年 NDVI 在增加,中游植被得到改善,增长速率为 0.006/a。从图 6-7 中还可以看出,NDVI 生长季最大值变化波动较大,稳定性一般,2001 年的 NDVI 值在 12 年中处于最低值,为 0.197 6;2011 年的 NDVI 值达到最高值,为 0.283 1;波动幅度为 0.085 5。其中,2000 年、2002 年、2007 年的 NDVI 生长季最大值相对较大。

6.2.1.2　黑河下游

本小节采用包含趋势线的散点图来反映黑河流域下游 2000—2011 年 NDVI 的变化情况如图 6-8 所示。

黑河流域下游 2000—2011 年间的植被 NDVI 变化整体呈现增加趋势,波动幅度小,稳定性良好,从趋势线的斜率可知增加速率为 0.001 5/a,说明 2000—2011 年黑河流域下游植被得到改善,改善效果恒定但增速缓慢。其中,NDVI 最大值 0.089 6,出现在 2011 年;最小值 0.073 4,出现在 2001 年,波动幅度为 0.016 2。

6.2.2　2011—2017 年

6.2.2.1　黑河中游

本小节采用包含趋势线的散点图来反映黑河流域中游 2011—2017 年间 NDVI 的变

化情况(见图 6-9)。

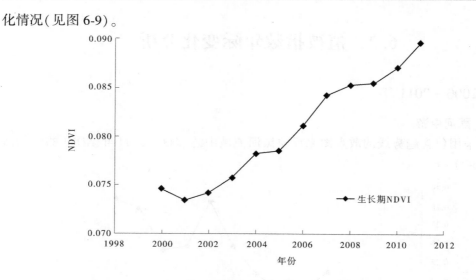

图 6-8　2000—2011 年黑河下游 NDVI 变化曲线

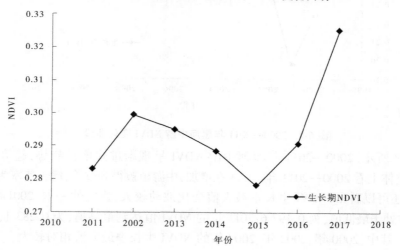

图 6-9　2011—2017 年黑河中游 NDVI 变化曲线

　　黑河流域中游 2011—2017 年的植被 NDVI 整体呈现增加的趋势,增长速率为 0.003 3/a,但波动较大,说明 2011—2017 年黑河流域中游植被总体上得到改善,但稳定性差。黑河流域中游生长季最大值 NDVI 在 2011—2012 年上升,但 2011—2015 年 NDVI 数值持续降低,2015—2017 年迎来快速增长。NDVI 最低值 0.278 3,出现在 2015 年;最高值 0.325 3,出现在 2017 年,波动幅度为 0.047。

6.2.2.2　黑河下游

　　本小节采用包含趋势线的散点图来反映黑河流域下游 2011—2017 年 NDVI 的变化情况如图 6-10 所示。

　　黑河流域下游 2011—2017 年的植被 NDVI 整体呈上升趋势,增长速率为 0.000 3/a,但波动较大,说明 2011—2017 年黑河流域下游植被总体上得到改善,但稳定性差。黑河流

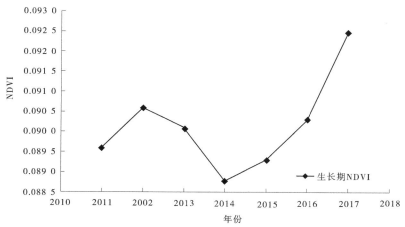

图 6-10　2011—2017 年黑河下游 NDVI 变化曲线

域下游生长季最大值 NDVI 在 2011—2012 年上升,但 2011—2014 年 NDVI 数值持续降低,2014—2017 年呈增长趋势。最低值 0.088 8,在 2014 年出现;最高值 0.092 5,出现在 2017 年,波动幅度为 0.003 7。

6.2.3　2000—2017 年

6.2.3.1　黑河中游

本小节采用包含趋势线的散点图来反映黑河流域中游 2000—2017 年 NDVI 的变化情况(见图 6-11)。

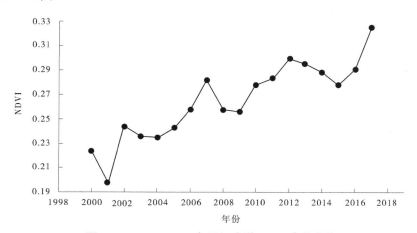

图 6-11　2000—2017 年黑河中游 NDVI 变化曲线

如图 6-11 所示,2000—2017 年黑河中游 NDVI 呈现渐进式增长趋势,趋势线斜率为正,说明从整体上看 2000—2017 年 NDVI 在增加,中游植被得到改善,增长速率为 0.005 4/a。从图 6-11 中还可以看出,NDVI 生长季最大值变化波动较小,稳定性良好,2001 年的 NDVI 值在 18 年中处于最低值,为 0.197 6;2017 年的 NDVI 值达到最高值,为 0.325 3;波动幅度为 0.127 7。其中,2000 年、2002 年、2007 年、2012 年、2017 年的 NDVI

生长季最大值相对较大。

6.2.3.2　黑河下游

本小节采用包含趋势线的散点图来反映黑河流域下游 2000—2017 年 NDVI 的变化情况(见图 6-12)。

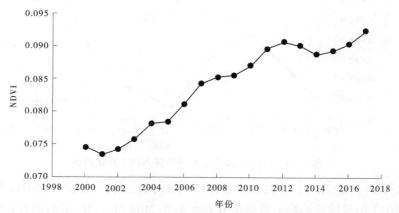

图 6-12　2000—2017 年黑河下游 NDVI 变化曲线

如图 6-12 所示,2000—2017 年黑河下游 NDVI 呈现渐进式增长趋势,趋势线斜率为正,说明从整体上看 2000—2017 年 NDVI 在增加,得益于生态输水政策积极影响和生态保护工程的有力实施,下游植被恢复稳定,增长速率为 0.001 2/a。从图 6-12 中还可以看出,NDVI 生长季最大值变化波动较小,稳定性良好,2001 年的 NDVI 值在 18 年中处于最低值,为 0.073 4;2017 年的 NDVI 值达到最高值,为 0.092 5;波动幅度为 0.019 1。

6.2.4　额济纳绿洲 2000—2017 年

本小节采用包含趋势线的散点图来反映黑河下游额济纳绿洲 2000—2017 年 NDVI 的变化情况(见图 6-13)。

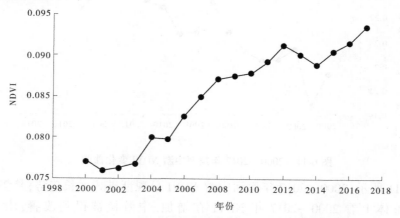

图 6-13　2000—2017 年黑河下游额济纳绿洲 NDVI 变化曲线

如图 6-13 所示,2000—2017 年黑河下游额济纳绿洲 NDVI 呈现渐进式增长趋势,趋势线斜率为正,说明从整体上看 2000—2017 年 NDVI 在增加,增长速率为 0.001 1/a。从

图 6-13 中还可以看出,NDVI 生长季最大值变化波动较小,稳定性良好,2001 年的 NDVI 值在 18 年中处于最低值,为 0.076 0;2017 年的 NDVI 值达到最高值,为 0.093 5;波动幅度为 0.017 6。

6.3　植被覆盖度年际变化分析

6.3.1　2000—2011 年

6.3.1.1　黑河中游

为了反映 2000—2011 年黑河中游植被覆盖度变化情况,本次研究基于黑河流域中游植物生长季的 NDVI 数据计算植被覆盖度,根据实际情况进行分级(见图 6-14),并统计各

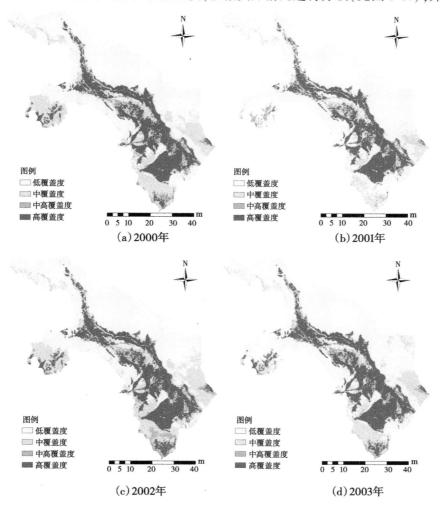

图 6-14　2000—2011 年黑河中游植被覆盖度分布

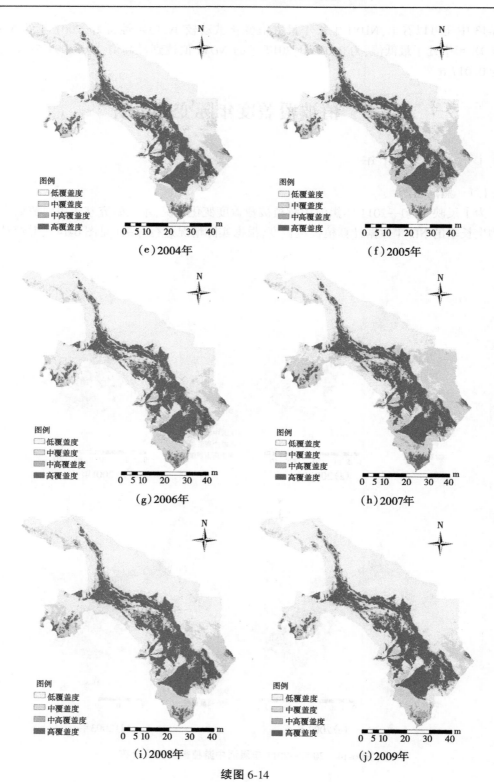

续图 6-14

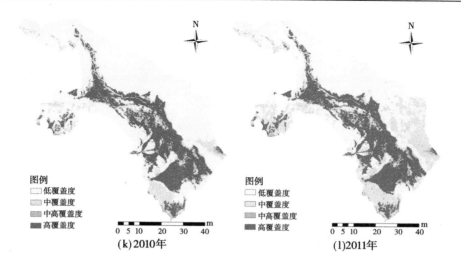

续图 6-14

级面积及占比(见表 6-1、表 6-2),采用散点图来反映黑河流域中游 2000—2011 年间植被覆盖度各级别面积占比的变化趋势(见图 6-15)。

　　通过对 2000—2011 年中游植被覆盖度分级图(见图 6-14)的分析,12 年来黑河流域中游植被覆盖整体上较低,主要以低覆盖植被为主,中、高覆盖植被也占有一定比例,中高覆盖植被面积较少。由于在地理环境上有较大差异,植被覆盖在空间上差异明显,黑河中游流域植被覆盖在整体上呈现从上游向下游逐渐递减的趋势,这是由于上游祁连山区降水量大,水资源丰富,中游地区地势平坦,光热资源充足,但干旱严重,年降水量少且蒸发量大,人工绿洲面积较大,部分地区土地盐碱化严重,下游额济纳绿洲是荒漠草原区,降水量小,蒸发量大,水资源匮乏造成的。

　　从分级图(见图 6-14)可知,2000—2011 年流域内植被覆盖变化有明显的流域位置差异。中游走廊平原区以低覆盖植被为主,同时有较大面积的中、高覆盖植被,中游植被覆盖类型较为复杂,不同植被覆盖等级间的面积变化也表现出较为复杂的状况,但是 12 年间黑河流域中游整体上中、高植被覆盖区域的面积占比增加,低植被覆盖区域的面积占比减少,说明中游植被恢复情况良好,这是因为中游主要以人工绿洲为主,植被恢复状况的改善主要得益于人类农业活动的增强、耕地面积增加等。

　　通过 ArcGIS 中的统计功能对植被覆盖分级图的面积进行逐年统计,得到 2000—2011 年黑河流域中游不同级别植被覆盖度的面积统计(见表 6-1),计算各级面积占比(见表 6-2),并绘制折线图(见图 6-15)。

　　由表 6-1 中可以看出,2000—2011 年黑河流域中游植被覆盖整体上以低覆盖植被为主,低覆盖植被面积平均值为 5 061.48 km²,约占总面积的 54.24%;同时,存在较大面积的中高覆盖植被;中高覆盖植被面积最小。

表 6-1　2000—2011 年中游各级覆盖植被面积　　　　单位:km²

年份	低覆盖度	中覆盖度	中高覆盖度	高覆盖度	合计
2000	4 865.94	1 928.81	642.50	1 894.56	9 331.81
2001	6 081.50	1 144.81	526.50	1 578.69	9 331.50
2002	4 703.38	1 948.50	723.56	1 956.44	9 331.88
2003	5 321.19	1 430.69	616.94	1 963.00	9 331.81
2004	5 493.00	1 256.88	557.13	2 024.63	9 331.63
2005	4 826.38	1 851.13	595.38	2 058.56	9 331.44
2006	5 250.81	1 358.31	595.00	2 127.75	9 331.88
2007	3 756.75	2 640.69	622.56	2 310.94	9 330.94
2008	4 895.63	1 651.38	574.88	2 209.94	9 331.81
2009	5 388.44	1 229.13	580.19	2 134.13	9 331.88
2010	5 655.94	983.06	583.63	2 109.19	9 331.81
2011	4 498.88	1 984.75	550.50	2 297.50	9 331.63
平均值	5 061.48	1 617.34	597.40	2 055.44	9 331.67
平均值占比	54.24%	17.33%	6.40%	22.03%	100.00%

表 6-2　2000—2011 年各级面积占比　　　　　　　　%

年份	低覆盖度	中覆盖度	中高覆盖度	高覆盖度
2000	52.14	20.67	6.89	20.30
2001	65.17	12.27	5.64	16.92
2002	50.40	20.88	7.75	20.97
2003	57.02	15.33	6.61	21.04
2004	58.86	13.47	5.97	21.70
2005	51.72	19.84	6.38	22.06
2006	56.27	14.56	6.38	22.80
2007	40.26	28.30	6.67	24.77
2008	52.46	17.70	6.16	23.68
2009	57.74	13.17	6.22	22.87
2010	60.61	10.53	6.25	22.60
2011	48.21	21.27	5.90	24.62

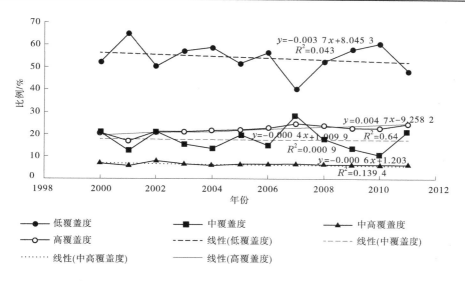

图 6-15　2000—2011 年中游植被覆盖度平均值占比变化曲线

由以上图表可以看出,2000—2011 年黑河中游流域各植被覆盖等级的植被覆盖面积占比变化各不相同,整体上,高覆盖植被面积呈现增加趋势,增加速率为 0.004 7%/a,低、中、中高覆盖植被面积均有微小减少,减少速率分别为 0.003 7%/a、0.000 4%/a、0.000 6%/a。低覆盖度植被面积在 2000—2011 年间呈波动减小的态势,且波动的幅度较大,最高值出现在 2001 年,占比为 65.17%;最低值出现在 2007 年,占比为 40.26%,整体上看,低覆盖植被面积占比减少了 3.93%,说明植被覆盖面积总体增加。高覆盖度植被面积呈稳定增长的趋势,最高值出现在 2007 年,占比为 24.77%;最低值出现在 2001 年,占比为 16.92%,整体上高覆盖植被面积占比增加了 4.32%。由此可以说明,2000—2011 年黑河流域中游植被覆盖整体上向良好的态势发展,低覆盖植被逐渐向中、高覆盖植被转化发展的趋势较为明显。

6.3.1.2　黑河下游

为了反映 2000—2011 年黑河下游植被覆盖度变化情况,本次研究基于黑河流域下游 NDVI 生长季数据计算生长季植被覆盖度的平均值,根据实际情况进行分级(见图 6-16),并统计各级面积及占比(见表 6-3、表 6-4),采用散点图来反映黑河流域下游 2000—2011 年间植被覆盖度各级别面积占比的变化趋势(见图 6-17)。

通过对 2000—2011 年下游植被覆盖度分级图的分析,近 12 年来黑河流域下游植被覆盖整体上较差,以低覆盖植被为主,存在较小面积中覆盖植被,中高、高覆盖植被面积极小。但其面积变化均不大,基本上趋于稳定状态,这是因为 2000—2011 年黑河下游主要以半荒漠和荒漠为主,虽然生态输水政策已实施 10 年,但由于农业用水挤占了生态用水,虽然农作物覆盖增加,但自然植物如胡杨等却相应减少,整体覆盖变化不明显。

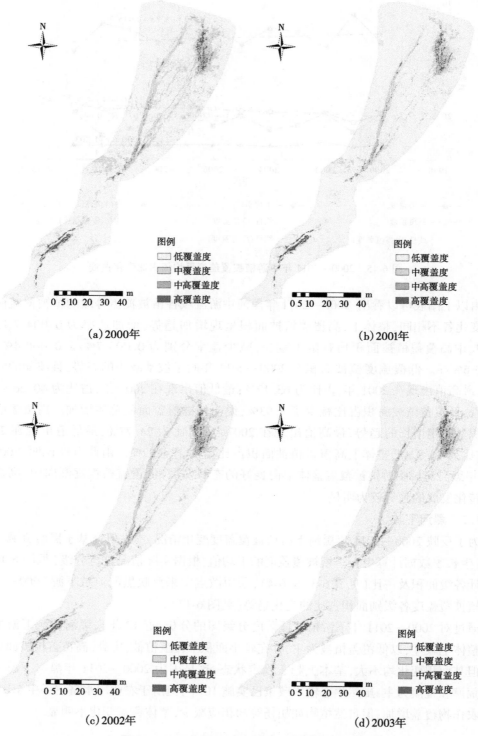

图 6-16　2000—2011 年下游植被覆盖度分级图

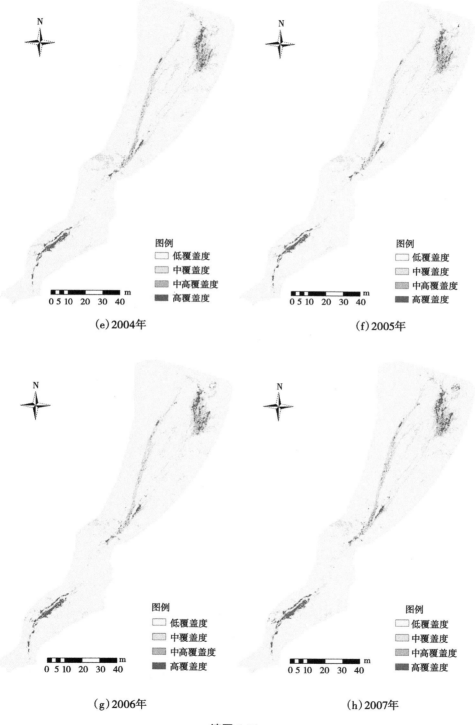

（e）2004年　　　　　　　　　　　　（f）2005年

（g）2006年　　　　　　　　　　　　（h）2007年

续图 6-16

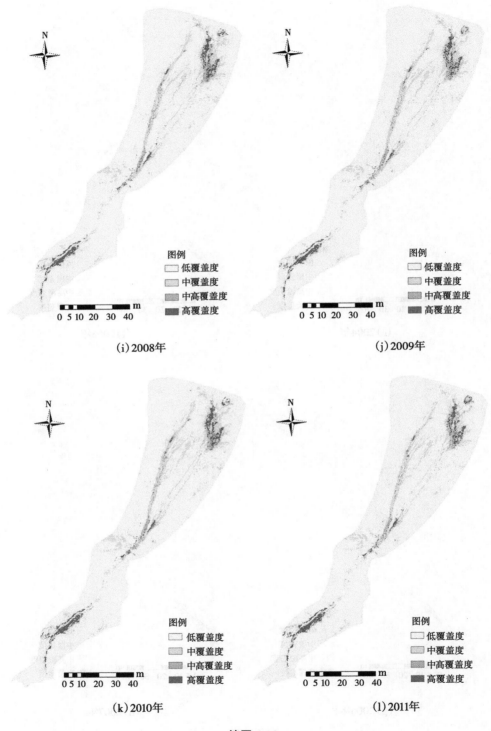

(i) 2008年　　　　　　　　　　　　　　　　　(j) 2009年

(k) 2010年　　　　　　　　　　　　　　　　　(l) 2011年

续图 6-16

通过 ArcGIS 中的统计功能对植被覆盖分级图的面积进行逐年统计,得到 2000—2011 年黑河流域下游不同级别植被覆盖度的面积统计表(见表 6-3),计算各级面积占比(见表 6-4),并绘制折线图(见图 6-17)。

表 6-3　2000—2011 年各级面积　　　　　　　　　　　　单位:km²

年份	低覆盖度	中覆盖度	中高覆盖度	高覆盖度	合计
2000	14 901.31	1 960.00	376.63	200.75	17 438.69
2001	15 881.63	1 091.44	295.81	169.31	17 438.19
2002	15 351.06	1 587.31	308.44	190.31	17 437.13
2003	15 647.19	1 256.13	323.06	208.38	17 434.75
2004	15 398.81	1 459.69	334.06	241.75	17 434.31
2005	15 562.00	1 301.06	312.69	230.50	17 406.25
2006	15 733.31	1 131.94	312.13	248.88	17 426.25
2007	15 382.94	1 370.19	369.13	309.69	17 431.94
2008	15 140.44	1 533.13	420.69	341.44	17 435.69
2009	15 160.63	1 544.38	433.81	296.00	17 434.81
2010	14 894.69	1 724.00	450.75	362.31	17 431.75
2011	15 261.69	1 435.19	397.06	339.63	17 433.56
平均值	15 359.64	1 449.54	361.19	261.58	17 431.94
平均值占比	88.11%	8.32%	2.07%	1.50%	100.00%

表 6-4　2000—2011 年各级面积占比　　　　　　　　　　　　%

年份	低覆盖度	中覆盖度	中高覆盖度	高覆盖度
2000	85.45	11.24	2.16	1.15
2001	91.07	6.26	1.70	0.97
2002	88.04	9.10	1.77	1.09
2003	89.75	7.20	1.85	1.20
2004	88.32	8.37	1.92	1.39
2005	89.40	7.47	1.80	1.32
2006	90.29	6.50	1.79	1.43
2007	88.25	7.86	2.12	1.78
2008	86.84	8.79	2.41	1.96
2009	86.96	8.86	2.49	1.70
2010	85.45	9.89	2.59	2.08
2011	87.54	8.23	2.28	1.95

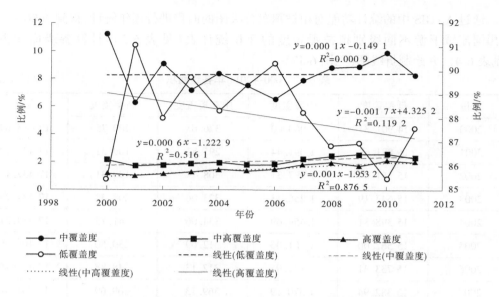

图 6-17 2000—2011 年下游植被覆盖度平均值占比变化曲线
("低覆盖度"使用次坐标轴)

由以上图表可以看出,2000—2011 年黑河流域下游植被覆盖整体上以低覆盖植被为主,低覆盖植被面积平均值为 15 359.64 km²,约占总面积的 88.11%;中覆盖植被面积平均值为 1 449.54 km²,约占总面积的 8.32%;中高覆盖植被面积平均值为 361.19 km²,约占总面积的 2.07%;高覆盖植被面积平均值为 261.58 km²,约占总面积的 1.50%。

由以上图表可以看出,2000—2011 年黑河下游流域各植被覆盖等级的植被覆盖面积占比变化各不相同,整体上,中、中高、高覆盖植被面积均呈现缓慢增长趋势,增加速率分别为 0.000 1%/a、0.000 6%/a、0.001%/a,低覆盖植被面积呈现减少趋势,减少速率为 0.001 7%/a。低覆盖度植被面积在 2000—2011 年呈波动减小的态势,且波动的幅度较大,最高值出现在 2001 年,占比为 91.07%;最低值出现在 2010 年,占比为 85.45%。中覆盖度植被面积呈缓慢增长的趋势,最高值出现在 2000 年,占比为 11.24%,最低值出现在 2001 年,占比为 6.26%。由此可以说明,2000—2011 年黑河流域下游植被覆盖整体上向良好的态势发展,但不明显。

6.3.2 2011—2017 年

6.3.2.1 黑河中游

为了反映 2011—2017 年黑河中游植被覆盖度年际变化情况,本次研究基于黑河流域中游生长季的 NDVI 数据计算生长季植被覆盖度的平均值,根据实际情况进行分级(见图 6-18),并统计各级面积及占比(见表 6-5、表 6-6),采用散点图来反映黑河流域中游 2011—2017 年间植被覆盖度各级别面积占比的变化趋势(见图 6-19)。

通过对 2011—2017 年中游植被覆盖度分级图(见图 6-18)的分析,近 7 年来黑河流域中游植被覆盖整体上较低,主要以低覆盖植被为主,中、高覆盖植被也占有一定比例,中高

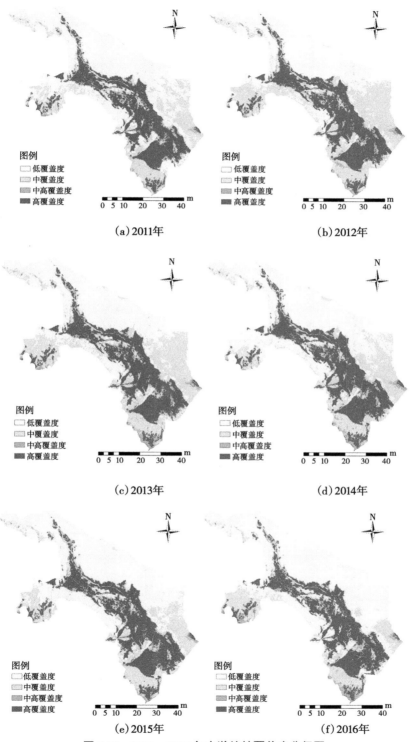

图 6-18　2011—2017 年中游植被覆盖度分级图

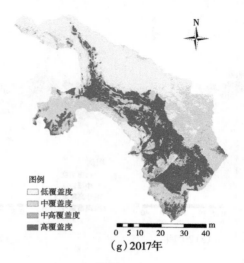

（g）2017年

续图 6-18

覆盖植被面积较少。由于在地理环境上有较大差异，植被覆盖在空间上差异明显，黑河流域植被覆盖在整体上呈现从上游向下游逐渐递减的趋势，这是中游地区地势平坦，光热资源充足，但干旱严重，年降水量少且蒸发量大，人工绿洲面积较大，部分地区土地盐碱化严重造成的。

从分级图（见图 6-18）可知，中游走廊平原区以低覆盖植被为主，同时有较大面积的中、高覆盖植被，中游植被覆盖不同等级间的面积变化也较为复杂，但是近 7 年来黑河流域中游整体上中高、高植被覆盖面积在增加，中、低植被覆盖面积在减少，说明中游植被覆盖向良好的方向发展，这是因为中游主要以人工绿洲为主，植被改善主要得益于人类农业活动的增强，耕地面积增加等。

通过 ArcGIS 中的统计功能对植被覆盖分级图的面积进行逐年统计，得到 2011—2017 年黑河流域中游不同级别植被覆盖度的面积统计表（见表 6-5），计算各级面积占比（见表 6-6），并绘制折线图（见图 6-19）。

表 6-5　2011—2017 年各级面积　　　　　　　　　　单位：km²

年份	低覆盖度	中覆盖度	中高覆盖度	高覆盖度	合计
2011	4 498.88	1 984.75	550.50	2 297.50	9 331.63
2012	3 399.50	2 886.69	575.56	2 469.56	9 331.31
2013	3 607.00	2 701.31	619.63	2 402.38	9 330.31
2014	4 162.88	2 085.50	606.31	2 476.56	9 331.25
2015	4 389.94	1 948.94	573.69	2 418.19	9 330.75
2016	4 709.38	1 599.25	722.81	2 298.63	9 330.06
2017	3 194.00	2 689.38	799.94	2 647.81	9 331.13
平均值	3 994.51	2 270.83	635.49	2 430.09	9 330.92
平均值占比	42.81%	24.34%	6.81%	26.04%	100.00%

表 6-6　2011—2017 年各级面积占比　　　　　　　　　　　　　%

年份	低覆盖度	中覆盖度	中高覆盖度	高覆盖度
2011	48.21	21.27	5.90	24.62
2012	36.43	30.94	6.17	26.47
2013	38.66	28.95	6.64	25.75
2014	44.61	22.35	6.50	26.54
2015	47.05	20.89	6.15	25.92
2016	50.48	17.14	7.75	24.64
2017	34.23	28.82	8.57	28.38

　　由以上图表可以看出,2011—2017 年黑河流域中游植被覆盖整体上以低覆盖植被为主,低覆盖植被面积平均值为 3 994.51 km²,约占总面积的 42.81%;中覆盖植被面积平均值为 2 270.83 km²,约占总面积的 24.34%;中高覆盖植被面积平均值为 635.49 km²,约占总面积的 6.81%,高覆盖植被面积平均值为 2 430.09 km²,约占总面积的 26.04%。

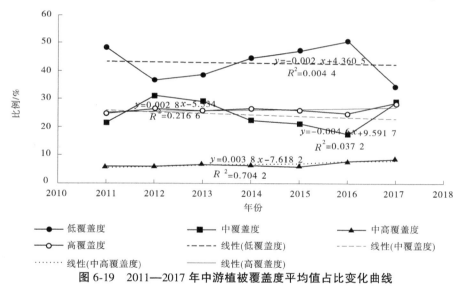

图 6-19　2011—2017 年中游植被覆盖度平均值占比变化曲线

　　由以上图表可以看出,2011—2017 年黑河中游流域各植被覆盖等级的植被覆盖面积占比变化各不相同,整体上,中高、高覆盖植被面积均呈现缓慢增长趋势,增加速率分别为 0.003 8%/a、0.002 8%/a,中覆盖植被面积呈现减少趋势,减少速率为 0.004 6%/a,低覆盖植被面积也呈现减少趋势,减少速率为 0.002%/a。低覆盖植被面积占比最大值在 2016 年,为 50.48%,最小值在 2017 年,为 34.23%;中覆盖植被面积占比最大值在 2012 年,为 30.94%,最小值在 2016 年,为 17.14%;中高覆盖植被面积占比最大值在 2017 年,为 8.57%,最小值在 2011 年,为 5.90%;高覆盖植被面积占比最大值在 2017 年,为 28.38%,最小值在 2011 年,为 24.62%。由此可以得出,2011—2017 年黑河中游流域低、中覆盖植被向其他类型覆盖植被转化,整体植被覆盖情况有所好转。

6.3.2.2 黑河下游

　　为了反映 2011—2017 年黑河下游植被覆盖度年际变化情况,本研究基于黑河流域下游生长季的 NDVI 数据计算生长季植被覆盖度的平均值,根据实际情况进行分级(见图 6-20),并统计各级面积及占比(见表 6-7、表 6-8),采用散点图来反映黑河流域下游 2011—2017 年植被覆盖度各级别面积占比的变化趋势(见图 6-21)。

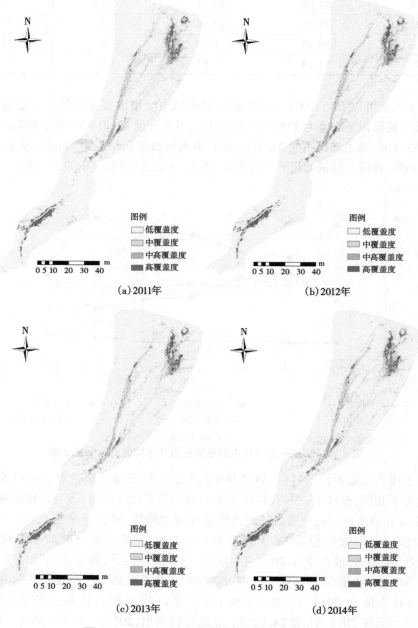

图 6-20　2011—2017 年下游植被覆盖度分级图

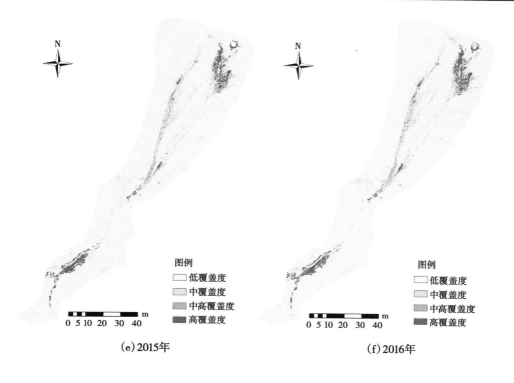

(e) 2015 年　　　　　　　　　　　　　　(f) 2016 年

（g）2017 年

续图 6-20

　　通过对 2011—2017 年下游植被覆盖度分级图(见图 6-20)的分析,近 7 年来黑河流域下游植被覆盖整体上较差,以低覆盖植被为主,存在一定面积中覆盖植被面积,中高、高覆盖盖植被面积较小。近 7 年来黑河流域下游覆盖植被情况整体上变化不大。

　　通过 ArcGIS 中的统计功能对植被覆盖分级图的面积进行逐年统计,得到 2011—2017 年黑河流域下游不同级别植被覆盖度的面积统计(见表 6-7),计算各级面积占比(见表 6-8),并绘制折线图(见图 6-21)。

表 6-7　2011—2017 年各级面积　　　　　　　　　单位:km²

年份	低覆盖度	中覆盖度	中高覆盖度	高覆盖度	合计
2011	15 261.69	1 435.19	397.06	339.63	17 433.56
2012	15 410.31	1 264.81	383.13	369.31	17 427.56
2013	15 430.44	1 242.44	387.06	369.13	17 429.06
2014	15 251.06	1 349.94	416.38	409.69	17 427.06
2015	15 415.25	1 191.81	452.31	356.75	17 416.13
2016	15 272.81	1 289.63	464.38	396.31	17 423.13
2017	14 995.06	1 485.25	503.25	433.69	17 417.25
平均值	15 290.95	1 322.72	429.08	382.07	17 424.82
平均值占比	87.75%	7.59%	2.46%	2.19%	100.00%

表 6-8　2011—2017 年各级面积占比　　　　　　　　　%

年份	低覆盖度	中覆盖度	中高覆盖度	高覆盖度
2011	87.54	8.23	2.28	1.95
2012	88.42	7.26	2.20	2.12
2013	88.53	7.13	2.22	2.12
2014	87.51	7.75	2.39	2.35
2015	88.51	6.84	2.60	2.05
2016	87.66	7.40	2.67	2.27
2017	86.09	8.53	2.89	2.49

　　由以上图表可以看出,2011—2017 年间黑河流域下游植被覆盖整体上以低覆盖植被为主,低覆盖植被面积平均值为 15 290.95 km²,约占总面积的 87.75%;中覆盖植被面积平均值为 1 322.72 km²,约占总面积的 7.59%;中高覆盖植被面积平均值为 429.08 km²,约占总面积的 2.46%,高覆盖植被面积平均值为 382.07 km²,约占总面积的 2.19%。

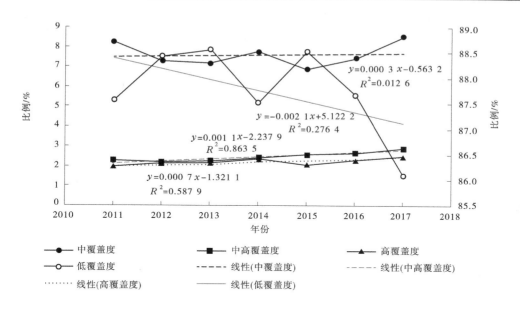

图 6-21　2011—2017 年下游植被覆盖度平均值占比变化曲线
（"低覆盖度"使用次坐标轴）

由以上图表可以看出，2011—2017 年黑河下游流域各植被覆盖等级的植被覆盖面积占比变化各不相同，整体上，中、中高、高覆盖植被面积均呈现缓慢增长趋势，增加速率分别为 0.000 3%/a、0.001 1%/a、0.000 7%/a；低覆盖植被面积呈现减少趋势，减少速率为 0.002 1%/a。低覆盖植被面积占比最大值在 2013 年，为 88.53%，最小值在 2017 年，为 86.09%；中覆盖植被面积占比最大值在 2017 年，为 8.53%，最小值在 2015 年，为 6.84%；中高覆盖植被面积占比最大值在 2017 年，为 2.89%，最小值在 2012 年，为 2.20%；高覆盖植被面积占比最大值在 2017 年，为 2.49%，最小值在 2011 年，为 1.95%。由此可以得出，2011—2017 年黑河下游流域低、中覆盖植被向其他类型覆盖植被转化，整体植被覆盖情况有所好转。

6.3.3　2000—2017 年

6.3.3.1　黑河中游

汇总得到 2000—2017 年黑河流域中游不同级别植被覆盖度的面积统计（见表 6-9），计算各级面积占比（见表 6-10），并绘制折线图（见图 6-22）。

由表 6-9 可以看出，2000—2017 年黑河流域中游植被覆盖整体上以低覆盖植被为主，低覆盖植被面积平均值为 4 677.81 km²，约占总面积的 50.13%；中覆盖植被面积平均值为 1 851.07 km²，约占总面积的 19.84%；中高覆盖植被面积平均值为 614.82 km²，约占总面积的 6.59%；高覆盖植被面积平均值为 2 187.69 km²，约占总面积的 23.44%。

表 6-9　2000—2017 年各级面积　　　　　　　单位:km²

年份	低覆盖度	中覆盖度	中高覆盖度	高覆盖度	合计
2000	4 865.94	1 928.81	642.50	1 894.56	9 331.81
2001	6 081.50	1 144.81	526.50	1 578.69	9 331.50
2002	4 703.38	1 948.50	723.56	1 956.44	9 331.88
2003	5 321.19	1 430.69	616.94	1 963.00	9 331.81
2004	5 493.00	1 256.88	557.13	2 024.63	9 331.63
2005	4 826.38	1 851.13	595.38	2 058.56	9 331.44
2006	5 250.81	1 358.31	595.00	2 127.75	9 331.88
2007	3 756.75	2 640.69	622.56	2 310.94	9 330.94
2008	4 895.63	1 651.38	574.88	2 209.94	9 331.81
2009	5 388.44	1 229.13	580.19	2 134.13	9 331.88
2010	5 655.94	983.06	583.63	2 109.19	9 331.81
2011	4 498.88	1 984.75	550.50	2 297.50	9 331.63
2012	3 399.50	2 886.69	575.56	2 469.56	9 331.31
2013	3 607.00	2 701.31	619.63	2 402.38	9 330.31
2014	4 162.88	2 085.50	606.31	2 476.56	9 331.25
2015	4 389.94	1 948.94	573.69	2 418.19	9 330.75
2016	4 709.38	1 599.25	722.81	2 298.63	9 330.06
2017	3 194.00	2 689.38	799.94	2 647.81	9 331.13
平均值	4 677.81	1 851.07	614.82	2 187.69	9 331.38
平均值占比	50.13%	19.84%	6.59%	23.44%	100.00%

　　由以上图表可以看出,2000—2017 年黑河中游流域各植被覆盖等级的植被覆盖面积占比变化各不相同,整体上,中、中高、高覆盖植被面积均呈现缓慢增长趋势,增加速率分别为 0.005%/a、0.000 4%/a、0.004 6%/a;低覆盖植被面积呈现减少趋势,减少速率为 0.01%/a。

　　低覆盖植被面积占比最大值在 2001 年,为 65.171 7%,最小值在 2017 年,为 34.229 5%;中覆盖植被面积占比最大值在 2012 年,为 30.935 5%,最小值在 2010 年,为 10.534 5%;中高覆盖植被面积占比最大值在 2017 年,为 8.572 8%,最小值在 2001 年,为 5.642 2%;高覆盖植被面积占比最大值在 2017 年,为 28.376 1%,最小值在 2001 年,为 16.917 8%。由此可以得出,2000—2017 年黑河中游流域低覆盖植被向其他类型覆盖植被转化,整体植被覆盖情况有所好转。

表 6-10　2000—2017 年各级面积占比　　　　　　　　　　　%

年份	低覆盖度	中覆盖度	中高覆盖度	高覆盖度
2000	52.14	20.67	6.89	20.30
2001	65.17	12.27	5.64	16.92
2002	50.40	20.88	7.75	20.97
2003	57.02	15.33	6.61	21.04
2004	58.86	13.47	5.97	21.70
2005	51.72	19.84	6.38	22.06
2006	56.27	14.56	6.38	22.80
2007	40.26	28.30	6.67	24.77
2008	52.46	17.70	6.16	23.68
2009	57.74	13.17	6.22	22.87
2010	60.61	10.53	6.25	22.60
2011	48.21	21.27	5.90	24.62
2012	36.43	30.94	6.17	26.47
2013	38.66	28.95	6.64	25.75
2014	44.61	22.35	6.50	26.54
2015	47.05	20.89	6.15	25.92
2016	50.48	17.14	7.75	24.64
2017	34.23	28.82	8.57	28.38

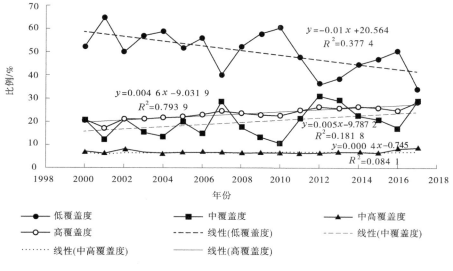

图 6-22　2000—2017 年中游植被覆盖度平均值占比变化曲线

6.3.3.2　黑河下游

　　汇总得到 2000—2017 年黑河流域下游不同级别植被覆盖度的面积统计（见表 6-11），计算各级面积占比（见表 6-12），并绘制折线图（见图 6-23）。

表 6-11　2000—2017 年各级面积　　　　　　单位:km²

年份	低覆盖度	中覆盖度	中高覆盖度	高覆盖度	合计
2000	14 901.31	1 960.00	376.63	200.75	17 438.69
2001	15 881.63	1 091.44	295.81	169.31	17 438.19
2002	15 351.06	1 587.31	308.44	190.31	17 437.13
2003	15 647.19	1 256.13	323.06	208.38	17 434.75
2004	15 398.81	1 459.69	334.06	241.75	17 434.31
2005	15 562.00	1 301.06	312.69	230.50	17 406.25
2006	15 733.31	1 131.94	312.13	248.88	17 426.25
2007	15 382.94	1 370.19	369.13	309.69	17 431.94
2008	15 140.44	1 533.13	420.69	341.44	17 435.69
2009	15 160.63	1 544.38	433.81	296.00	17 434.81
2010	14 894.69	1 724.00	450.75	362.31	17 431.75
2011	15 261.69	1 435.19	397.06	339.63	17 433.56
2012	15 410.31	1 264.81	383.13	369.31	17 427.56
2013	15 430.44	1 242.44	387.06	369.13	17 429.06
2014	15 251.06	1 349.94	416.38	409.69	17 427.06
2015	15 415.25	1 191.81	452.31	356.75	17 416.13
2016	15 272.81	1 289.63	464.38	396.31	17 423.13
2017	14 995.06	1 485.25	503.25	433.69	17 417.25
平均值	15 338.37	1 401.02	385.60	304.10	17 429.08
平均值占比	88.00%	8.04%	2.21%	1.74%	100.00%

　　由以上图表可以看出，2000—2017 年黑河流域下游植被覆盖整体上以低覆盖植被为主，低覆盖植被面积平均值为 15 338.37 km²，约占总面积的 88.00%；中覆盖植被面积平均值为 1 401.02 km²，约占总面积的 8.04%；中高覆盖植被面积平均值为 385.60 km²，约占总面积的 2.21%；高覆盖植被面积平均值为 304.10 km²，约占总面积的 1.74%。

表6-12 2000—2017年各级面积占比 %

年份	低覆盖度	中覆盖度	中高覆盖度	高覆盖度
2000	85.45	11.24	2.16	1.15
2001	91.07	6.26	1.70	0.97
2002	88.04	9.10	1.77	1.09
2003	89.75	7.20	1.85	1.20
2004	88.32	8.37	1.92	1.39
2005	89.40	7.47	1.80	1.32
2006	90.29	6.50	1.79	1.43
2007	88.25	7.86	2.12	1.78
2008	86.84	8.79	2.41	1.96
2009	86.96	8.86	2.49	1.70
2010	85.45	9.89	2.59	2.08
2011	87.54	8.23	2.28	1.95
2012	88.42	7.26	2.20	2.12
2013	88.53	7.13	2.22	2.12
2014	87.51	7.75	2.39	2.35
2015	88.51	6.84	2.60	2.05
2016	87.66	7.40	2.67	2.27
2017	86.09	8.53	2.89	2.49

由以上图表可以看出,2000—2017年黑河下游流域各植被覆盖等级的植被覆盖面积占比变化各不相同,整体上,中高、高覆盖植被面积均呈现缓慢增长趋势,增加速率分别为0.000 5%/a、0.000 9%/a;中、低覆盖植被面积呈现减少趋势,减少速率分别为0.000 5%/a、0.000 9%/a。

低覆盖植被面积占比最大值在2001年,为91.073 8%,最小值在2010年,为85.445 7%;中覆盖植被面积占比最大值在2000年,为11.239 4%,最小值在2001年,为6.258 9%;中高覆盖植被面积占比最大值在2017年,为2.889 4%,最小值在2001年,为1.696 3%;高覆盖植被面积占比最大值在2017年,为2.490 0%,最小值在2001年,为0.970 9%。由此可以得出,2000—2017年黑河下游流域低覆盖植被向其他类型覆盖植被转化,整体植被覆盖情况有所好转。

6.3.4 额济纳绿洲2000—2017年

为了反映2000—2017年黑河下游额济纳绿洲植被覆盖度年际变化情况,本书基于黑

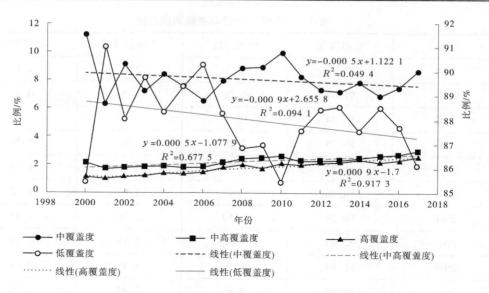

图 6-23　2000—2017 年下游植被覆盖度平均值占比变化曲线
("低覆盖度"使用次坐标轴)

河流域下游额济纳绿洲生长季的 NDVI 数据计算生长季植被覆盖度的平均值,根据实际情况进行分级(见图 6-24),并统计各级面积及占比(见表 6-13、表 6-14),采用散点图来反映黑河流域下游额济纳绿洲 2000—2017 年植被覆盖度各级别面积占比的变化趋势(见图 6-25)。

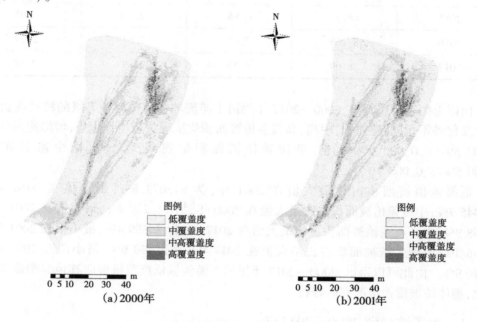

图 6-24　2000—2017 年额济纳绿洲植被覆盖度分级

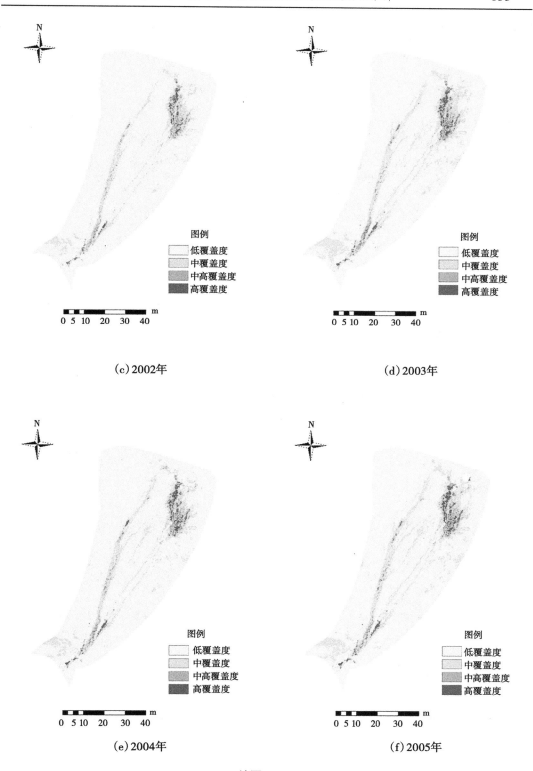

（c）2002年　　　　　　　　　　（d）2003年

（e）2004年　　　　　　　　　　（f）2005年

续图 6-24

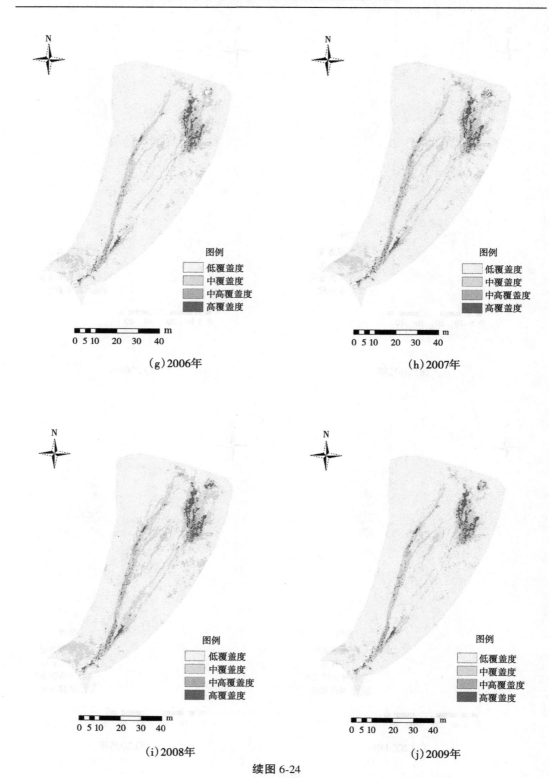

（g）2006年　　　　　　　　　　　　　（h）2007年

（i）2008年　　　　　　　　　　　　　（j）2009年

续图 6-24

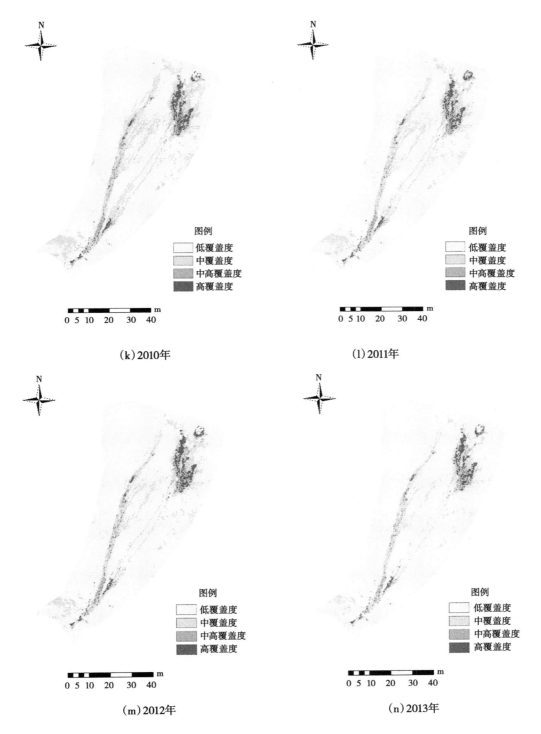

图例
低覆盖度
中覆盖度
中高覆盖度
高覆盖度

0 5 10　20　30　40　m

（k）2010年

图例
低覆盖度
中覆盖度
中高覆盖度
高覆盖度

0 5 10　20　30　40　m

（l）2011年

图例
低覆盖度
中覆盖度
中高覆盖度
高覆盖度

0 5 10　20　30　40　m

（m）2012年

图例
低覆盖度
中覆盖度
中高覆盖度
高覆盖度

0 5 10　20　30　40　m

（n）2013年

续图 6-24

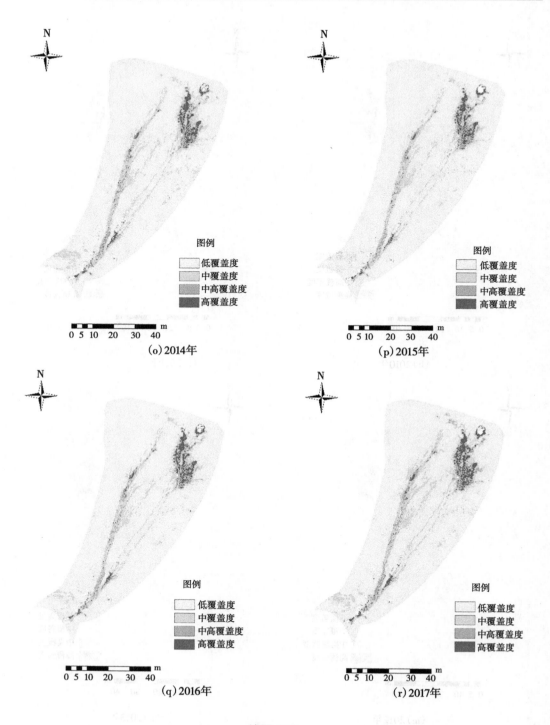

续图 6-24

　　通过对 2000—2017 年额济纳绿洲植被覆盖度分级图(见图 6-24)的分析,近 18 年来,黑河流域下游额济纳绿洲整体上以低覆盖植被为主,存在一定面积中覆盖植被面积,中高、高覆盖植被面积较小,植被覆盖情况整体上变化不大。

　　通过 ArcGIS 中的统计功能对植被覆盖分级图的面积进行逐年统计,得到 2000—2017 年黑河下游额济纳绿洲不同级别植被覆盖度的面积统计表(见表 6-13),计算各级面积占比(见表 6-14),并绘制折线图(见图 6-25)。

表 6-13　2000—2017 年各级面积　　　　　　　单位:km²

年份	低覆盖度	中覆盖度	中高覆盖度	高覆盖度	合计
2000	9 518.13	2 465.13	351.50	122.13	12 456.88
2001	9 603.69	2 314.56	366.00	172.06	12 456.31
2002	11 110.94	1 029.19	236.88	78.75	12 455.75
2003	10 347.94	1 651.75	312.00	141.25	12 452.94
2004	10 733.06	1 301.44	288.31	129.69	12 452.50
2005	10 209.00	1 747.13	308.00	161.00	12 425.13
2006	10 494.50	1 462.81	304.88	183.06	12 445.25
2007	10 275.19	1 609.06	353.06	213.94	12 451.25
2008	9 708.25	2 064.13	413.38	268.13	12 453.88
2009	10 745.69	1 160.31	357.06	190.00	12 453.06
2010	9 726.94	2 054.81	418.19	251.19	12 451.13
2011	10 222.25	1 643.38	362.63	223.88	12 452.13
2012	10 410.25	1 432.56	355.56	251.00	12 449.38
2013	10 866.56	1 065.25	317.19	200.06	12 449.06
2014	10 513.00	1 336.38	352.56	245.69	12 447.63
2015	10 866.75	1 015.19	351.69	200.81	12 434.44
2016	10 744.25	1 104.50	361.69	233.88	12 444.31
2017	10 392.31	1 342.31	414.44	288.88	12 437.94
平均值	10 360.48	1 544.44	345.83	197.52	12 448.27
平均值占比	83.23%	12.41%	2.78%	1.59%	100%

表 6-14　2000—2017 年各级面积占比　　　　　　　%

年份	低覆盖度	中覆盖度	中高覆盖度	高覆盖度
2000	76.23	19.74	2.82	0.98
2001	76.91	18.54	2.93	1.38
2002	88.98	8.24	1.90	0.63
2003	82.87	13.23	2.50	1.13
2004	85.96	10.42	2.31	1.04
2005	81.76	13.99	2.47	1.29
2006	84.05	11.72	2.44	1.47
2007	82.29	12.89	2.83	1.71
2008	77.75	16.53	3.31	2.15
2009	86.06	9.29	2.86	1.52
2010	77.90	16.46	3.35	2.01
2011	81.87	13.16	2.90	1.79
2012	83.37	11.47	2.85	2.01
2013	87.03	8.53	2.54	1.60
2014	84.20	10.70	2.82	1.97
2015	87.03	8.13	2.82	1.61
2016	86.05	8.85	2.90	1.87
2017	83.23	10.75	3.32	2.31

　　由以上图表可以看出,2000—2017 年黑河流域下游额济纳绿洲植被覆盖整体上以低覆盖植被为主,低覆盖植被面积平均值为 10 360.48 km²,约占总面积的 83.23%;中覆盖植被面积平均值为 1 544.44 km²,约占总面积的 12.41%;中高覆盖植被面积平均值为 345.83 km²,约占总面积的 2.78%;高覆盖植被面积平均值为 197.52 km²,约占总面积的 1.59%。

　　由以上图表可以看出,2000—2017 年黑河下游额济纳绿洲各植被覆盖等级的植被覆盖面积占比变化各不相同,整体上,低、中高、高覆盖植被面积均呈现缓慢增长趋势,增加速率分别为 0.002 6%/a、0.000 3%/a、0.000 7%/a;中覆盖植被面积呈现减少趋势,减少速率为 0.003 6%/a。低覆盖植被面积占比最大值在 2002 年,为 88.98%,最小值在 2000 年,为 76.23%;中覆盖植被面积占比最大值在 2000 年,为 19.74%,最小值在 2015 年,为 8.13%;中高覆盖植被面积占比最大值在 2010 年,为 3.35%,最小值在 2002 年,为 1.90%;高覆盖植被面积占比最大值在 2017 年,为 2.31%,最小值在 2002 年,为 0.63%。

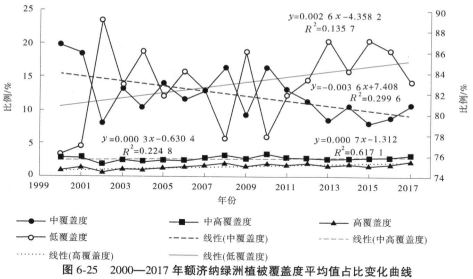

图 6-25　2000—2017 年额济纳绿洲植被覆盖度平均值占比变化曲线
（"低覆盖度"使用次坐标轴）

第7章　黑河中下游生态环境
动态模拟与预测

7.1　生态环境动态预测模型

　　针对复杂的土地地类动态变化过程,可以较为简便地建立基于人工神经网络-元胞自动机(ANN-CA)的模型,而且 GeoSOS 平台中构建了较为完善的模型操作流程。本章中 ANN-CA 模型的核心是通过土地用地利用变化的多期历史数据,进行随机抽样(神经元训练),根据各影响因子的特性(参数),循环计算得出每个元胞的土地利用类型转换概率,最后计算机采用已获取的模型参数实现土地利用规划的模拟预测。ANN-CA 模型的最大特点是具有学习性和自适应性,模型包括输入、隐藏和输出 3 层结构,本章输入层的训练样本是 2000 年和 2011 年土地利用类型的空间数据,直接决定土地类型的变化,隐藏层是将输入层信息产生一定的响应信号,并输出到下一层——输出层,直接显示土地类型的转换概率。在 GeoSOS 平台 ANN-CA 模型模拟中,输出层土地利用类型值分别相应设定为 1—耕地、2—林地、3—草地、4—水域滩地、5—城镇用地、6—未利用地。

7.2　模型参量

　　土地利用类型的发展变化受很多空间因素影响。例如:转变为居民点的概率取决于周围一系列基础设施,包括学校、医院、交通和公园等,而这些空间因素的影响往往由一系列距离函数来度量,同时这些影响可以是正面的或负面的。比如,越接近交通要道、城市中心,城市发展所得到的“收益”越大;反之,越接近一些环境和生态脆弱或保护地区,城市发展所得到的“收益”就越小。“收益”的具体大小可以由距离的梯度函数来表达,可称为“空间可达性变量”,并作为决策判断的准则[30]。可利用遥感和 GIS 方便获得这些空间可达性变量。土地类别的相互转换,除受到空间变量影响外,还受到一些约束条件的影响。约束条件指的是在区域总体规划过程中由于社会、自然等因素有一部分土地会被制约而不能转换为特定用地,例如重要的森林、自然保护区、基本耕地等被划为禁止建设区,还有受到自然条件影响的区域,如地形坡度较大、土壤性质不适等都无法发展为城市用地和耕作农用地。

　　土地利用动态模拟过程 ANN-CA 模型约束条件输入层是主要有距离类、邻域类和自然属性类三类模型参量,其中距离变量包括离城市中心、村镇中心、道路等距离空间变量。本章采用的模型参量如表 7-1 所示,其中距离类变量包括铁路、高速路、普通等级公路之间的距离;邻域类包括城镇用地、耕地、林地、草地、水域滩地、未利用地等 6 种现有土地利用类型的元胞邻域的数量;自然属性类变量包括高程、坡度和土地利用现状类型等元胞自然属性变量。隐藏层是进行"属性–状态"变化的黑箱,在黑箱中建立对应关系。输出层主要是土地利用类型,将黑河研究区按照中游和下游进行分区域模拟,土地利用类型划分为城镇用地、耕地、林地、草地、水域滩地、未利用地等 6 类。

表 7-1　神经网络 CA 模型输入层空间影响因子

变量符号	对应变量	变量类别	取值范围
x_1	到城市中心的距离	距离类	0~5 km
x_2	到村镇中心的距离	距离类	0~2 km
x_3	到铁路的距离	距离类	0~1 km
x_4	到高速路的距离	距离类	0~1 km
x_5	到公路的距离	距离类	0~0.5 km
x_6	耕地邻域元胞数量	邻域类	0~49 单元
x_7	林地邻域元胞数量	邻域类	0~49 单元
x_8	草地邻域元胞数量	邻域类	0~49 单元
x_9	水域邻域元胞数量	邻域类	0~49 单元
x_{10}	城镇建设用地邻域元胞数量	邻域类	0~49 单元
x_{11}	高程	自然属性类	实际高程值
x_{12}	坡度	自然属性类	0°~70°

本章运用 ANN–CA 模型进行生态环境模拟,需要利用生态环境历史数据进行模型训练。按照相应尺寸的元胞单元对数据进行处理,其中每个元胞的变量属性对应模型中相应的神经元,这些神经元是每个元胞在某个时间上土地利用类型转化的决定因素。

7.3　生态环境模拟分析前准备

ANN–CA 模型输入层变量信息表中的神经元信息,经过标准化后作为模型的输入层信息,进入模型的隐藏层,产生相应的信号。隐藏层进一步对输入层信息产生响应,从而得到输出层 6 种土地利用类型的转换概率。

在 GeoSOS 平台进行迭代计算,得出在某一时刻每一元胞的土地利用类型转换概率,通过比较每一元胞转化为 6 种土地利用类型(存在元胞不发生变化的情况)的概率大小,最终确定该元胞的转换类型。计算机循环运算一方面是进行神经元的训练,从历史数据中提取所需变量参数,形成元胞的转换规则,在假定自然、社会等内外部环境不变的情况下,基于这种规则对未来一定时间的土地利用变化进行预测,书中根据未利用地转换的栅格数为模拟终止条件,由此得出土地利用规划模拟结果。

7.3.1　数据预处理

7.3.1.1　数据源

（1）模型采用的土地利用分类数据是矢量格式带有地类属性的地块，来源是黑河中、下游区域 2000 年、2011 年的基于 30 m 空间分辨率 TM 卫星影像解译得到的 1:10 万土地利用数据，空间分辨率均为 30 m。

（2）黑河中下游市县的基础设施数据，用以提取交通路网、行政驻地和居民地点等数据。

（3）黑河中下游 30 m 分辨率的 DEM 数据，用来提取地形坡度信息。

7.3.1.2　数据处理

（1）坐标统一。将收集到的黑河中下游 2000 年、2011 年土地分类数据和基础设施数据进行投影，按照实际区域位置，统一成 CGCS2000 投影坐标。

（2）矢量数据栅格化。在 ArcGIS 中用"矢量转栅格"工具，按照获取各模型变量值的方法对矢量数据进行处理，将不同年份的土地利用矢量数据转为固定分辨率的栅格数据。原始影像分辨率为 30 m，在栅格转换过程中，过小的元胞尺寸会极大地增加数据量，从而影像数据处理效率，包括前期的数据准备阶段和 GeoSOS 应用阶段。同时，国外已有学者通过对比不同元胞尺度下城市土地利用变化的元胞自动机模拟效果，对于大尺度研究区域，采用过小的尺度反而影响模拟精度数据；设置相同的模拟条件和训练样本，采用不同元胞大小的数据应用 GeoSOS 平台进行试验，统计不同数据模拟过程的运行时间和各地类平均模拟精度，结果显示，试验采用的元胞大小为 30 m、60 m、100 m 的数据，分类精度均较为理想且相差不大，元胞尺寸小的数据由于数据量大运行时间明显较长，因此综合考虑数据信息量和计算机处理速度，确定元胞大小即栅格数据分辨率为 60 m。

表 7-2　2000 年和 2011 年黑河中游各地类元胞数量

元胞大小/m	流域	用时/s	精度/%
30	中游	124	86.56
	下游	192	89.21
60	中游	73	84.74
	下游	85	89.13
100	中游	68	84.48
	下游	71	87.68

（3）影响因子计算。应用空间分析功能分别计算路网、居民地点等距离类因子，距离函数选择欧氏距离；应用邻域焦点统计功能统计各地类的邻域类数据；应用地形分析功能计算模拟区域坡度等自然属性数据。计算结果如图 7-1 所示。

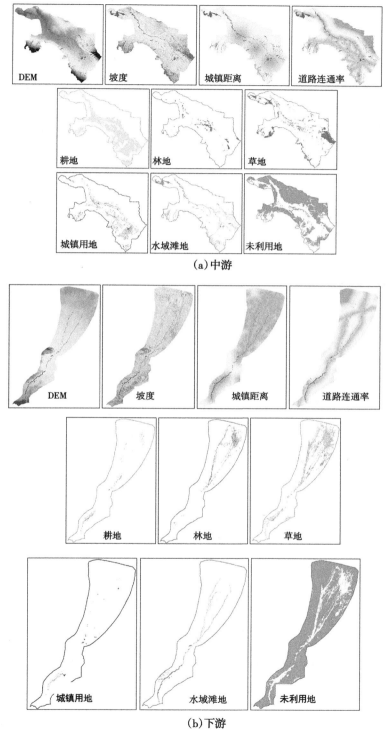

(a) 中游

(b) 下游

图 7-1　黑河中下游影响因子

（4）栅格数据归一化。将处理好的影响因子栅格数据进行归一化处理，即栅格每个像素值经计算全部落入[0,1]区间内，归一化计算使用如下函数：

$$x'_i = (x - x_{min})/(x_{max} - x_{min}) \tag{7-1}$$

式中：x 为每个元胞的属性数值；x_{max} 和 x_{min} 分别为各影响因子最大属性值与最小属性值。

（5）格式转换。利用 GIS 处理软件将土地分类数据、影响因子数据进行范围裁切，利用 ArcMap 工具箱"栅格转 ASCII 工具"将输入层数据转为 GeoSOS 平台要求的 ASCII 文件格式。

7.3.2　土地利用分类现状

黑河中游、下游土地利用分类现状如图 7-2、图 7-3 所示。

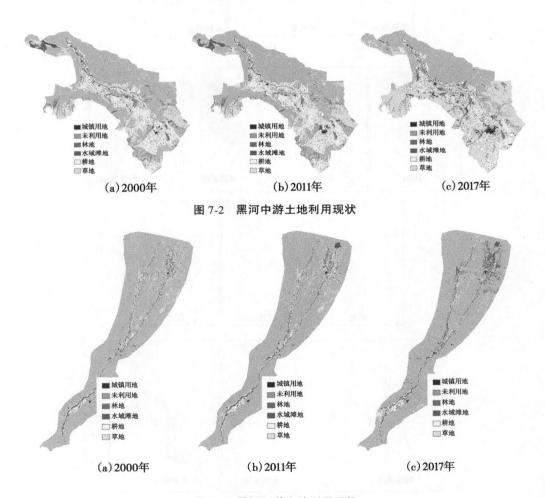

(a) 2000年　　　　(b) 2011年　　　　(c) 2017年

图 7-2　黑河中游土地利用现状

(a) 2000年　　　　(b) 2011年　　　　(c) 2017年

图 7-3　黑河下游土地利用现状

研究区生态环境的土地利用分类具体元胞数量如表 7-3、表 7-4 所示。

表 7-3　2000 年、2011 年、2017 年黑河中游各地类元胞数量

地类	年份	元胞数量/个	比例/%
耕地	2000	591 075	22.80
	2011	662 186	25.54
	2017	656 822	25.33
林地	2000	33 806	1.30
	2011	36 506	1.41
	2017	80 945	3.12
草地	2000	274 725	10.60
	2011	261 271	10.08
	2017	792 305	30.56
水域滩地	2000	122 917	4.74
	2011	116 819	4.51
	2017	55 875	2.16
城镇用地	2000	36 412	1.40
	2011	45 166	1.74
	2017	103 695	4.00
未利用地	2000	1 533 736	59.16
	2011	1 470 718	56.73
	2017	903 024	34.83

表 7-4　2000 年、2011 年、2017 年黑河下游各地类元胞数量

地类	年份	元胞数量/个	比例/%
耕地	2000	50 444	1.04
	2011	81 076	1.67
	2017	89 385	1.84
林地	2000	113 235	2.34
	2011	121 096	2.50
	2017	248 326	5.12
草地	2000	354 804	7.32
	2011	350 584	7.23
	2017	240 816	4.97

续表7-4

地类	年份	元胞数量/个	比例/%
水域滩地	2000	68 031	1.40
	2011	85 977	1.77
	2017	83 759	1.73
城镇用地	2000	10 369	0.21
	2011	11 813	0.24
	2017	18 909	0.39
未利用地	2000	4 249 216	87.68
	2011	4 195 498	86.58
	2017	4 164 849	85.94

根据表7-3、表7-4列出的不同期土地利用分类元胞数量和占比,分析2000年和2011年土地利用各类元胞量,可知该时间跨度内绝大部分转换集中于未利用地转为农用耕地,城镇用地有一定程度扩张,其他各地类间存在小幅的互相转换。在2011年和2017年间,生态环境进行了全新的变化,该时间跨度内随着"退耕还林"政策的实施,黑河中下游林地面积得到大范围增长;耕地增长量得到控制,耕地范围基本保持不变;城镇化速度继续加快,城镇用地范围持续增加。同时间段内,中下游未利用地得到一定程度开发,尤其是下游地区,至2017年未利用地占比较2011年下降22%。

7.3.3　GeoSOS应用

使用2000年和2011年土地利用数据对ANN-CA模型进行样本训练,来预测2017年土地利用现状。输入已转换为ASCII文本文件的土地利用分类数据、空间距离约束条件数据和全局限制约束条件数据,如图7-4所示。

模拟参数设置如下:

(1)耕地类型的对应值为1,林地为2,草地为3,水域滩地为4,城镇用地为5,未利用地为6。模拟向导中的转换条件和显示设置如图7-5所示。

(2)模拟过程控制。本次模拟的元胞转换总量中游为2 592 668个,下游为4 846 070个。通过已知数据分析,将三年数据分为2000—2011年、2011—2017年两个跨度,根据多次迭代模拟,最终确定元胞邻域7×7,神经元的学习效率设为0.2(学习效率值越小,学习的准确率越容易收敛)。采用2000年度和2011年度地类数据作为训练样本的起始时间数据,下游样本训练元胞数为5 000(约为2000年耕地总面积的10%),土地模拟迭代10 000次;中游考虑到因样本量过大,设置较大的迭代次数需要过长的运行时间,因此样本训练数设为20 000个(约为2000年耕地总面积的3.5%),迭代30 000次;模拟终止条件设置为至2011年未利用地减少到一定数量,则模拟完成。采用2011年度和2017年度地类数据作为训练样本数据时,中游训练样本的元胞数量设为30 000个(约为2011年草地面积的10%),迭代50 000次;下游训练样本的元胞数量设为12 000(约为2011年林地

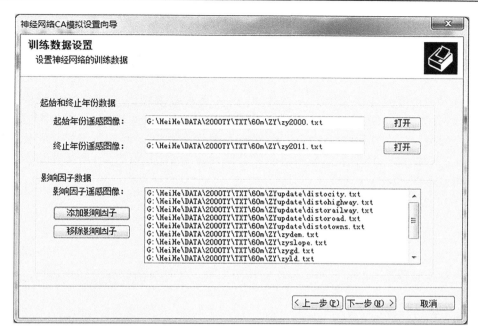

图7-4　ANN-CA训练数据输入

图7-5　土地利用类型条件设置

面积的10%），迭代30 000次。

（3）运用ANN-CA模型成功实现预测后，保存为.txt后缀的文本文件，将模拟输出的ASCII文本转为栅格格式数据，进行坐标投影，再将栅格数据集通过"栅格转面"工具转成地类要素,进而在 ArcGIS 中实现空间和数量分析统计。

7.4　黑河中下游生态环境模拟

本章模拟精度验证采用 Kappa 系数。Kappa 系数较多地用于评价遥感影像分类精度,通过对分类影像和参考影像逐个进行像元统计,并建立误差矩阵,可以较准确地验证遥感影像分类的精度。用数学公式表示:设栅格总像元数为 n,真实影像栅格目标地类像元数为 a_1,其他为 a_0,模拟影像栅格目标地类像元数为 b_1,其他为 b_0,两幅栅格影像对应像元值相等的像元数为 s,则

$$\begin{cases} P_a = \dfrac{s}{n} \\ P_c = \dfrac{a_1 \times b_1 + a_0 \times b_0}{n^2} \end{cases} \tag{7-2}$$

式中:P_a 为观测一致率指的是两幅栅格影像上类型一致部分的百分比,即观测值;P_c 为期望一致率。

Kappa 系数计算公式为

$$Kappa = \frac{P_a - P_c}{1 - P_c} \tag{7-3}$$

在分类的精度评价中,不同的精度评价方法有不同的划分标准和含义。本章直接借用 Cohen 提出的 Kappa 系数分类评价标准(见表 7-5)。

表 7-5　Cohen-Kappa 分类标准

Kappa 系数	<0	0~0.20	0.21~0.40	0.41~0.60	0.61~0.80	0.81~1.00
程度	很差	微弱	弱	适中	显著	最佳

7.4.1　2011 年生态环境地类模拟评价

黑河中游、下游 2000 年和 2011 年土地利用分类数据经 ANN-CA 模型样本训练,利用 2000 年数据模拟 2011 年数据结果如表 7-6、表 7-7 所示。

表 7-6　黑河中游土地利用元胞数量

用地类型	元胞数量/个		
	2000 年	2011 年(真实)	2011 年(模拟)
耕地	591 075	662 186	735 651
林地	33 806	36 506	33 806
草地	274 725	261 271	255 939
水域滩地	122 917	116 819	122 917
城镇用地	36 412	45 166	45 892
未利用地	1 533 736	1 470 718	1 398 466

表 7-7　黑河下游土地利用元胞数量

用地类型	元胞数量/个		
	2000 年	2011 年(真实)	2011 年(模拟)
耕地	50 481	81 076	74 168
林地	113 125	121 096	119 845
草地	354 833	350 584	354 804
水域滩地	68 053	85 977	88 723
城镇用地	10 376	11 813	15 174
未利用地	4 249 176	4 195 498	4 193 385

Kappa 系数计算公式的各变量可从表中读出,s 值由栅格代数计算器中 Con( )函数计算得到。将明显扩展的耕地地类作为目标地类,计算 2011 年中游生态环境模拟的 Kappa系数:

$a_1 = 662\ 186, a_0 = 4\ 764\ 968; b_1 = 735\ 651, b_0 = 4\ 771\ 931; s = 2\ 379\ 160, n = 2\ 592\ 668$;
总体精度 $P_a = 91.76\%$,Kappa $= 0.86$。

计算 2011 下游年生态环境模拟的 Kappa 系数:

$a_1 = 81\ 076, a_0 = 1\ 930\ 480; b_1 = 74\ 168, b_0 = 1\ 857\ 020; s = 4\ 693\ 082, n = 4\ 846\ 071$;
总体精度 $P_a = 96.84\%$,Kappa $= 0.97$。

由模拟计算结果可知,黑河中下游 2011 年生态环境模拟 Kappa 系数值处于最佳精度模拟范围,该段时间内利用 ANN-CA 模型模拟的土地分类达到比较理想的模拟效果。

图 7-6、图 7-7 为 2011 年黑河中游、下游土地利用类型的模拟影像和真实影像,比对地类较丰富的某些区域,可知模拟的土地利用效果与真实影像效果基本相似。影像对比图反映出各地类元胞数量在模拟过程中的变化,黑河中游地区林地、水域滩地面积变化缓慢,呈现出基本维持原地貌状态;耕地、城镇用地面积有显著增加,与社会经济增长和城镇化发展有关,增加来源多数为未利用地的开发。下游流域地区耕地、水域滩地、城镇用地面积显著增加,林地、草地面积变化缓慢,未利用地经实地调查,大部分地类为荒草地和戈壁滩地,随着黑河流域的生态环境改造得到一定程度的开发。

7.4.2　2017 年生态环境地类模拟评价

黑河中游、下游 2011 年和 2017 年土地利用分类数据经 ANN-CA 模型样本训练,利用 2011 年数据模拟 2017 年数据结果如表 7-8、表 7-9 所示。

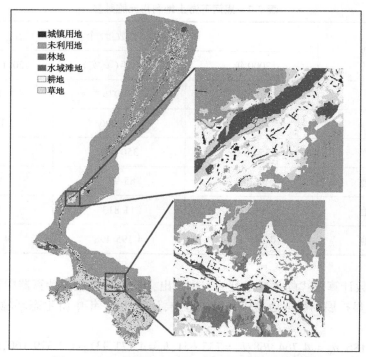

图 7-6　2011 年黑河中下游土地利用现状模拟影像

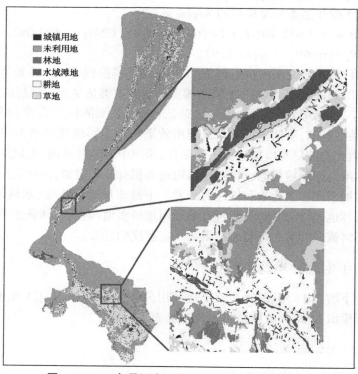

图 7-7　2011 年黑河中下游土地利用现状真实影像

表 7-8　黑河中游土地利用元胞数量

用地类型	元胞数量/个		
	2011 年	2017 年(真实)	2017 年(模拟)
耕地	662 186	656 822	662 186
林地	36 506	80 945	75 622
草地	261 271	792 305	750 673
水域滩地	116 819	55 875	49 980
城镇用地	45 166	103 695	92 519
未利用地	1 470 718	903 024	961 686

同 7.4.1 部分,计算中游 2017 年生态环境模拟的 Kappa 系数,该时间跨度内中游主要转化的目标地类有耕地、林地、城镇用地,分别计算各地类模拟后的 Kappa 系数:

总体精度 P_a = 80.26%, Kappa(草地) = 0.66, Kappa(林地) = 0.79, Kappa(城镇用地) = 0.79。

表 7-9　黑河下游土地利用元胞数量

用地类型	元胞数量/个		
	2011 年	2017 年(真实)	2017 年(模拟)
耕地	81 076	89 385	102 253
林地	121 096	248 326	257 482
草地	350 584	240 816	253 084
水域滩地	85 977	83 759	85 977
城镇用地	11 813	18 909	14 574
未利用地	4 195 498	4 164 849	4 132 674

下游 2017 年生态环境主要转化地类是林地和草地,其模拟结果的 Kappa 系数分别为:

总体精度 P_a = 92.93%, Kappa(林地) = 0.92, Kappa(草地) = 0.92。

由统计结果可知,黑河中下游 2017 年生态环境模拟 Kappa 系数值处于显著及以上精度模拟范围,认为该段时间利用 ANN-CA 模型模拟的土地分类达到比较理想的模拟效果。

　　图 7-8、图 7-9 为 2017 年黑河中游、下游土地利用类型的模拟影像和真实影像,同样地截取地类较丰富的某些区域进行对比分析。在 2011—2017 年时段内,林地、草地的覆盖面积呈现显著的区域性差异,从空间分布模式上,模拟结果表现出与真实解译土地利用分类现状相似的变化趋势。邻近主要交通线路的区域生态环境得到显著改善,中游地区未利用地大范围的被改造为草地,下游地区林地覆盖度亦显著增加,"退耕还林"政策实施后效果明显;反映城镇化作用的约束条件表现突出,表明随着城镇化的推进,中心城镇的空间辐射能力逐渐增强。

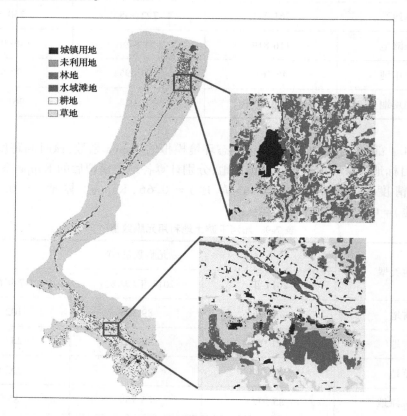

图例:
- 城镇用地
- 未利用地
- 林地
- 水域滩地
- 耕地
- 草地

图 7-8　2017 年黑河中下游土地利用现状模拟影像

7.4.3　生态环境预测分析

　　为了更好地了解并掌握研究区域未来土地利用变化情况,在最近时段变化研究的基础上展开对黑河中下游生态环境变化趋势预测分析,以期为未来城乡自然资源规划与发展提供参考依据。根据相近时段土地类型变化规律接近的原则,选取 2010—2017 年土地利用变化数据作为预测研究的基础,并假设其空间距离限制因素在未来发展过程中没有发生较大变化。采用 ANN-CA 模型,按照 2011—2017 年经分析得到的生态环境地类转化速率,得到黑河中下游 2023 年的土地利用变化情况。预测结果见表 7-10、表 7-11。

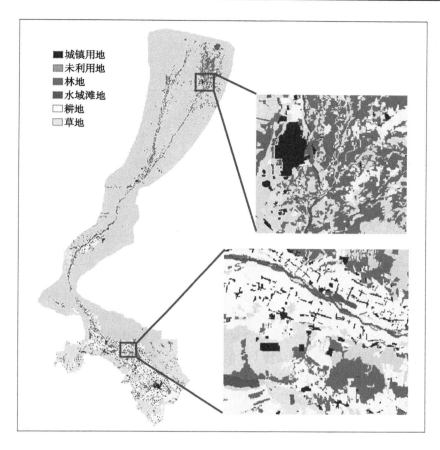

图 7-9　2017 年黑河中下游土地利用现状真实影像

表 7-10　黑河中游 2011 年、2017 年、2023 年(预测)土地利用元胞数量

土地利用类型	2011 年		2017 年		2023 年(预测)	
	元胞数量/个	比例/%	元胞数量/个	比例/%	元胞数量/个	比例/%
耕地	662 186	25.53	656 822	25.33	543 046	20.94
林地	36 506	1.41	80 945	3.12	165 086	6.37
草地	261 271	10.08	792 305	30.56	864 912	33.36
水域滩地	116 819	4.51	55 875	2.16	55 875	2.16
城镇用地	45 166	1.74	103 695	4.00	148 585	5.73
未利用地	1 470 718	56.73	903 024	34.83	815 162	31.44

表 7-11　黑河下游 2011 年、2017 年、2023 年(预测)土地利用元胞数量

土地利用类型	2011 年		2017 年		2023 年(预测)	
	元胞数量/个	比例/%	元胞数量/个	比例/%	元胞数量/个	比例/%
耕地	81 076	1.68	89 385	1.85	156 698	3.23
林地	121 096	2.50	248 326	5.12	311 148	6.42
草地	350 584	7.23	240 816	4.97	165 751	3.42
水域滩地	85 977	1.77	83 759	1.73	85 977	1.77
城镇用地	11 813	0.24	18 909	0.39	34 392	0.71
未利用地	4 195 498	86.58	4 164 849	85.94	4 092 078	84.44

　　预测结果符合样本训练时段的生态环境变化趋势:城镇化进程持续推进,依托主要交通线路区域环境得到改善;中游林地和草地覆盖度继续增长,对地区荒漠化趋势得到一定程度缓解;下游以金塔县鼎新片为灌溉农业经济区,由图 7-10 可知,该片区耕地面积显著增加,符合该区域农业经济发展形势;下游额济纳旗区域的林地覆盖面积增长显著,作为三角洲地带的绿洲,额济纳旗是阻挡风沙侵袭保护生态环境的重要屏障。预测结果反映了黑河中下游两个方向上的发展趋势,其中城乡建设用地空间快速发展源自乡村工业发展、乡(镇)规划指导以及交通可达性,耕地、林地、草地的动态变化来自区域经济模式和区位环境影响。

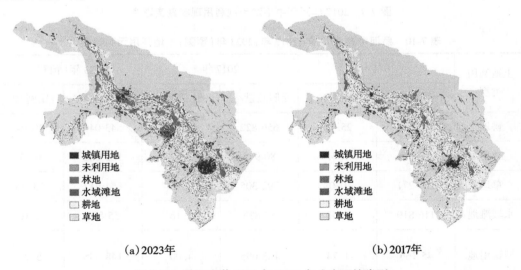

　　　　　(a)2023年　　　　　　　　　　　　(b)2017年

图 7-10　黑河中游 2017 年/2023 年生态环境类型

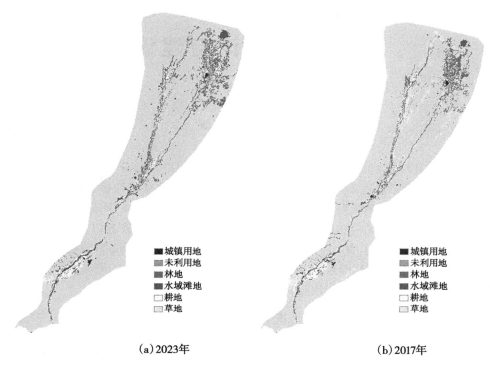

（a）2023年　　　　　　　　（b）2017年

图 7-11　黑河下游 2017 年/2023 年生态环境类型

第8章　结论与建议

8.1　结　论

　　本书基于 2017 年、2018 年的高分一号卫星遥感影像,以及部分区域的高分二号影像和野外调查成果,解译获得黑河干流中下游区域的土地覆被现状数据;并结合 2000 年、2011 年和本次解译的土地覆被数据,获得了 2000 年、2011 年、2017 年该区域的生态环境动态变化情况。基于 2000—2017 年的 16 d 合成的 MODIS NDVI 产品以及逐年的 MODIS 土地覆被产品数据,获取了 2000—2017 年黑河中下游区域逐年生长季(7—8 月)的植被覆盖度分布情况。结合自然因素和人文因素,分析了生态环境变化的原因,并对该区域未来的生态环境状况进行了模拟和预测。获取的主要结论如下。

8.1.1　黑河中游土地覆被变化情况

　　2011—2017 年的 7 年间,黑河中游地区的土地覆被发生了较大的变化。耕地略有减少,从 2011 年的 357.27 万亩减少到 2017 年的 354.40 万亩;林地从 19.69 万亩增至 43.67 万亩;草地从 2011 年的 140.96 万亩增至 2017 年的 427.53 万亩;水域滩地减少了 10.3 万亩;未利用地从 2011 年的 793.63 万亩减少到了 464.68 万亩,减少了 328.95 万亩;城镇用地增加了 31.57 万亩。在 2011—2017 年的 7 年间,黑河中游的土地覆被类型发生了显著的变化,但整体景观仍保持荒漠化景观(沙地、戈壁)与绿洲景观(耕地、草地等各种天然绿洲)强烈分异的鲜明格局。各种生态类型的相互转换十分复杂,主要发生在绿洲中间以及绿洲与戈壁的过渡地带。由于受经济利益的驱使以及水分条件的变化,在绿洲和戈壁过渡带发生了沙地、戈壁向耕地的转变,但受到"退耕还林"政策的积极影响,总体上耕地有向林地和草地缓慢转变的情况。这说明黑河中游的植被在增加,生态环境正在向着好的方向发展,当地的生态环境保护政策发挥了有效的作用。

8.1.2　黑河下游土地覆被变化情况

　　2011—2017 年黑河下游地区的生态环境发生了较大的变化。耕地显著增加,从 2011 年的 43.79 万亩增加到 2017 年的 48.03 万亩;林地从 65.38 万亩增至 119.57 万亩;草地从 2011 年的 189.14 万亩减至 2017 年的 152.46 万亩;水域滩地增加了 10.35 万亩;未利用地从 2 264.64 万亩减少到 2 227.31 万亩;城镇用地增加了 3.94 万亩。选取黑河下游的额济纳三角洲、鼎新地区和三个重点片区分析结果。

　　(1)额济纳三角洲。研究表明,额济纳三角洲水域滩地显著增加,从 2011—2017 年增加了 9.22 万亩,新增的水域滩地主要来自未利用地。林地面积增加,主要来自草地和未利用地,新增林地主要位于额济纳旗东河沿岸的绿洲区。草地面积总体减少,一是黑河分水的实施使得额济纳绿洲地表水和地下水环境整体好转,部分草地转换为灌木林地;二是由于大面积的草地转变为未利用地。

(2)鼎新地区。增加的耕地面积主要来自草地和未利用地,新增耕地主要分布在黑河东岸的绿洲边缘;水域滩地主要转变为草地、林地,同期草地和未利用地转变为水域滩地的面积分别为 1.883 万亩和 0.723 万亩,水域滩地的减少实际是由于水分条件变好,大面积水域滩地转变为草地。

8.1.3　植被覆盖度变化情况

2000—2017 年黑河流域中游的中、中高、高覆盖植被面积均呈现缓慢增长趋势,增加速率分别为 0.005%/a、0.000 4%/a、0.004 6%/a;低覆盖植被和裸土面积呈现急剧减少的趋势。低覆盖植被面积占比最大值在 2001 年,为 65.171 7%,最小值在 2017 年,为 34.229 5%;中覆盖植被面积占比最大值在 2012 年,为 30.935 5%,最小值在 2010 年,为 10.534 5%;中高覆盖植被面积占比最大值在 2017 年,为 8.572 8%,最小值在 2001 年,为 5.642 2%;高覆盖植被面积占比最大值在 2017 年,为 28.376 1%,最小值在 2001 年,为 16.917 8%。由此可以得出,2000—2017 年黑河中游流域低覆盖植被向其他类型覆盖植被转化,整体植被覆盖情况有所好转。

同期,黑河下游流域的中、中高、高覆盖植被面积均呈现缓慢增长趋势,增加速率分别为 0.005%/a、0.000 4%/a、0.004 6%/a;低覆盖植被面积呈现减少趋势,减少速率为 0.01%/a。低覆盖植被面积占比最大值在 2001 年,为 91.073 8%,最小值在 2010 年,为 85.445 7%;中覆盖植被面积占比最大值在 2000 年,为 11.239 4%,最小值在 2001 年,为 6.258 9%;中高覆盖植被面积占比最大值在 2017 年,为 2.889 4%,最小值在 2001 年,为 1.696 3%;高覆盖植被面积占比最大值在 2017 年,为 2.490 0%,最小值在 2001 年,为 0.970 9%。由此可以得出,2000—2017 年黑河下游流域低覆盖植被向其他类型覆盖植被转化,整体植被覆盖情况有所好转。

选取黑河下游额济纳绿洲作为重点研究区域分析,2000—2017 年该地区整体上低、中高、高覆盖植被面积均呈现缓慢增长趋势,增加速率分别为 0.002 6%/a、0.000 3%/a、0.000 7%/a;但中覆盖植被面积呈现减少趋势,减少速率为 0.003 6%/a。低覆盖植被面积占比最大值在 2002 年,为 88.98%,最小值在 2000 年,为 76.23%;中覆盖植被面积占比最大值在 2000 年,为 19.74%,最小值在 2015 年,为 8.13%;中高覆盖植被面积占比最大值在 2010 年,为 3.35%,最小值在 2002 年,为 1.90%;高覆盖植被面积占比最大值在 2017 年,为 2.31%,最小值在 2002 年,为 0.63%。由此得出,近 18 年来黑河流域下游额济纳绿洲整体上以低覆盖植被为主,存在一定面积中覆盖植被面积,中高、高覆盖植被面积较小,植被覆盖情况整体上变化不大。

8.1.4　生态环境动态模拟与预测情况

2000—2011 年以明显扩展的耕地地类作为目标地类,对 2011 年黑河流域中下游生态环境进行动态模拟,结果显示:黑河中游模拟影像与真实影像相比,总体精度为 91.76%,Kappa 系数为 0.86;黑河下游模拟结果的总体精度为 96.84%,Kappa 系数为

0.97,模拟效果显著。2011—2017年黑河流域中游主要转化的目标地类有耕地、林地、城镇用地,以这三个地类为目标对2017年黑河流域中游生态环境进行动态模拟,模拟影像与真实影像相比,总体精度为80.26%,草地、林地和城镇用地的Kappa系数分别是0.66、0.79和0.79;下游2017年生态环境主要转化地类是林地和草地,模拟影像与真实影像相比,总体精度是92.93%,林地和草地的Kappa系数均为0.92。

选取2011年和2017年土地利用现状数据作为后续预测基础,并假设其空间距离限制因素在未来发展过程中没有发生较大变化。采用ANN-CA模型,按照2011—2017年经分析得到的生态环境地类转化速率,得到黑河中下游2023年的土地利用分类的预测结果。结果符合样本训练时段的生态环境变化趋势:城镇化进程持续推进,依托主要交通线路区域环境得到改善;中游林地和草地覆盖度继续增长,对地区荒漠化趋势得到一定程度缓解;下游以金塔县鼎新片为灌溉农业经济区,该片区耕地面积显著增加,符合该区域农业经济发展形势;下游额济纳旗区域的林地覆盖面积增长显著,作为三角洲地带的绿洲,额济纳旗是阻挡风沙侵袭保护生态环境的重要屏障。预测结果反映了黑河中下游两个方向上的发展趋势,其中城乡建设用地空间快速发展源自乡村工业发展、乡(镇)规划指导以及交通可达性,耕地、林地、草地的动态变化来自区域经济模式和区位环境影响。

8.2　建　议

8.2.1　加强用水管理,严格控制耕地扩张

18年来,黑河中下游地区的耕地面积在数量上都呈增加趋势,且下游额济纳耕地增加幅度更为显著。耕地面积的扩大势必会造成耗水量的增加,这将会进一步加剧中下游地区用水矛盾。建议中下游地区要严格按照国务院分水方案和流域近期治理规划要求,结合现有水资源的数量和生产水平,按照"以水定地"的原则,合理确定种植规模,改善种植结构,严禁非法开荒扩耕,逐步将部分高耗水、低产出的耕地退耕,使中下游地区的耕地面积恢复到《黑河流域近期治理规划》前的水平,同时加强用水管理,合理分配区域水资源,提高农业用水效率,杜绝农业用水挤占生态用水,加强生态输水及配套工程建设,确保有限的黑河水资源全部用于生态用水。

8.2.2　确定适宜的湿地规模,合理制定湿地生态用水

湿地是绿洲生态系统的重要组成部分,其生物多样性资源非常丰富。由于围泽造田等人类活动的影响,使中游湿地萎缩。随着2008年湿地保护工程启动,黑河中游地区的湿地在一定程度上有所恢复,并在局部地区大量增加。为维持和恢复中游湿地,需要不断地进行人工补水。在目前水资源供需矛盾突出的现状下,再扩大湿地面积并不现实。因此,建议对中游湿地进行评估,确定适宜的湿地规模,制订合理的湿地补水计划。

8.2.3　加强水资源及生态监测能力建设,提高科学化管理水平

黑河流域水资源及生态环境动态变化监测基础条件薄弱,水资源优化配置缺乏必要

的科技支撑,流域用水管理仍相对比较粗放,存在水资源浪费现象。由于缺乏全面、科学监测数据的支撑,对生态水量调度效果和指标体系建设尚缺乏科学的认识,制约了流域水资源管理和生态水量调度的进一步深入。应加强水资源及生态环境动态变化监测能力建设,建立完善的水资源和生态监测体系,科学掌握流域生态环境动态变化情况,水资源配置与地下水动态变化、生态变化响应关系,为实现科学调度和精细调度提供有力的技术支撑。

8.2.4　推进黑河流域综合治理,建立黑河流域管理工程保障体系

黑河流域综合治理是一项长期、复杂的系统工程。黑河流域水资源匮乏,时空分布不均生态问题突出,应加快推进黑河流域综合治理规划工作,推进骨干调蓄工程建设,通过工程手段,强化用水管理,按照总量控制指标,合理配置水资源,控制耕地面积。有计划地开展黑河流域生态环境保护和修复,按照区域水资源承载能力,调整产业结构,大力发展高效节水农业,推广田间节水措施,改善田间灌溉管理,实现农业节水灌溉,提高水资源利用率,以生态建设和环境保护为根本,按照科学、合理、适度的原则,优化配置水资源,实现生态改善和经济社会协调发展。

8.2.5　健全黑河流域管理法律保障体系

随着流域经济社会的发展,生态环境形式日趋严峻,经济发展与生态保护的矛盾不断加剧,针对近几年中下游开垦荒地面积不断扩大,大量挤占生态用水的问题,建议严格从法律层面规范各方面行为,明确责任和权限,切实落实行政首长负责制,加大责任追究力度,为黑河流域生态建设提供更强有力的法律支撑。

参考文献

[1] Karr J K. Assessment of biotic integrity using fish communities[J]. Fisheries,1981,6(6):21-27.

[2] Ree W E. Ecological footprint and appropriated carrying capacity:what urban economics leaves out [J]. Environment and Urbanization,1992,4(2):121-130.

[3] Luck M A,Jenerette G D,Wu J,et al. The urban funnel model and the spatially heterogeneous ecological footprint[J]. Ecosystem,2001,4(8):782-796.

[4] 赵士洞. 新千年生态系统评估–背景–任务和建议[J]. 第四纪研究,2001,21(4):300-336.

[5] 吴宁. 模糊综合法在城市环境质量评价中的应用[J]. 气象科技,2005,33(6):548-549.

[6] 李玉实,孙宏. 本溪市城市生态环境质量评价及预测[J]. 辽宁城乡环境科技,2002,22(2):37-39.

[7] 阎伍玖. 区域农业生态环境质量综合评价方法与模型研究[J]. 环境科学研究,1999,12(3):49-52.

[8] 马乃喜. 区域生态环境评价中的几个理论问题[J]. 西北大学学报(自然科学版),1998,28(4):330-334.

[9] 徐明德,李艳春,何娟,等. 区域生态环境脆弱性的 GIS"分解–合成"评价分析——以浑源县为例[J]. 地球信息科学学报,2011,13(2):198-204.

[10] 李如忠. 基于灰关联理论的流域生态环境评价[J]. 合肥工业大学学报(自然科学版),2002,25(3):464-467.

[11] 王宏伟,张小雷,乔木,等. 基于 GIS 的伊犁河流域生态环境质量评价与动态分析[J]. 干旱区地理,2008,31(2):215-221.

[12] 王杰生,戴昌达,胡德永. 土地利用变化的卫星遥感监测——河北省南皮县试验报告[J]. 环境遥感,1989,12(4):75-93.

[13] 江帆,刘梦莹,刘洋. 综合运用影像对象多种特征的土地利用/土地覆被分类方法探讨——以兰州秦王川地区为例[J]. 兰州大学学报自然科学版,2016,52(1):37-41.

[14] 陈晋,何春阳,史培军,等. 基于变化向量分析的土地利用/土地覆盖变化动态监测(Ⅰ)——变化阈值的确定方法[J]. 遥感学报,2001,4(11):15-27.

[15] 李成范. 独立分量分析在遥感图像土地覆盖信息提取中的应用[D]. 上海:上海大学,2013.

[16] 曹林林,李海涛,韩颜顺,等. 卷积神经网络在高分遥感影像分类中的应用[J]. 测绘科学,2016,(9):37-42.

[17] 郑丙辉,田自强,李子成. 黑河流域土地覆盖变化与生态环境退化过程分析[J]. 干旱区资源与环境,2005,1(8):37-51.

[18] 朱会义,李秀彬,何书金,等. 环渤海地区土地利用的时空变化分析[J]. 地理学报,2001,3(6):301-317.

[19] 孙倩,塔西甫拉提·特依拜,张飞. 渭干河–库车河三角洲绿洲土地利用/土地覆盖时空变化遥感研究[J]. 生态学报,2012,10(5):178-190.

[20] 李亮,但文红. 五马河流域土地利用格局时空变化及驱动因子分析[J]. 贵州师范大学学报(自然科学版),2013,3(8):152-169.

[21] 郑丙辉,田自强,李子成. 黑河流域土地覆盖变化与生态环境退化过程分析[J]. 干旱区资源与环境,2005,1(8):37-51.

[22] 潘竞虎,刘菊玲. 黄河源区土地利用和景观格局变化及其生态环境效应[J]. 干旱区资源与环境,

2005,4(3):12-23.

[23] 蒙吉军,严汾. 大城市边缘区 LUCC 驱动力的时空分异研究——以北京昌平区为例[J]. 北京大学学报(自然科学版),2009,2(4):112-127.

[24] 李晓文,方创琳,黄金川,等. 西北干旱区城市土地利用变化及其区域生态环境效应——以甘肃河西地区为例[J]. 第四纪研究,2003,3(7):152-170.

[25] 李传哲,于福亮,刘佳,等. 近 20 年来黑河干流中游地区土地利用/土地覆盖变化及驱动力定量研究[J]. 自然资源学报,2011,3(11):76-91.

[26] 马小平. 基于 MODIS 数据的黑河流域植被覆盖变化及驱动力分析[D]. 兰州:西北师范大学, 2015.

[27] 周成虎,孙战利,谢一春. 地理元胞自动机研究[M]. 北京:科学出版社,2001.

[28] 黎夏,叶嘉安,刘小平,等. 地理模拟系统:元胞自动机与多智能体[M]. 北京:科学出版社, 2007.

[29] 黎夏,李丹,刘小平. 地理模拟优化系统 GeoSOS 及前沿研究[J]. 地球科学进展,2009,24(8):899-907.

[30] 陈彦光. 地理数学方法:基础和应用[M]. 北京:科学出版社, 2011.

[31] 许文宁,王鹏新,韩萍,等. Kappa 系数在干旱预测模型精度评价中的应用——以关中平原的干旱预测为例[J]. 自然灾害学报,2011, 20(6):81-86.

[32] Feinstein A R,Cicchetti D V. High agreement but low Kappa:I. The problems of two paradoxes[J]. Journal of Clinical Epidemiology,1990, 43(6):543-549.

[33] Cicchetti D V,Feinstein A R. High agreement but low Kappa:Ⅱ. Resolving the paradoxes[J]. Journal of Clinical Epidemiology,1990,43(6):551-558.